高等职业教育教材

天然气储运

潘鑫鑫　主编

化学工业出版社
·北京·

内 容 简 介

《天然气储运》采用模块 - 项目 - 任务的形式编写，较系统地介绍了天然气储运的全套工艺流程，包含城市燃气输配、压缩天然气（CNG）母站运行、天然气液化工厂、液化天然气（LNG）接收站、LNG+L-CNG 合建站运行五个模块的内容。本书内容注重理论知识与工程实践的紧密结合，突出职业教育的实践性，体现新工艺、新设备、新技术的应用，可满足高等职业教育本科、专科院校油气储运专业师生的教学需求，也可供燃气工程技术人员及职业技能培训人员参考。

图书在版编目（CIP）数据

天然气储运 / 潘鑫鑫主编. —北京：化学工业出版社，2022.10
ISBN 978-7-122-42547-8

Ⅰ.①天… Ⅱ.①潘… Ⅲ.①石油与天然气储运 - 教材
Ⅳ.① TE8

中国版本图书馆 CIP 数据核字（2022）第 212769 号

责任编辑：王海燕 提 岩 　　　　　文字编辑：李 玥
责任校对：李露洁 　　　　　　　　　装帧设计：李子姮

出版发行：化学工业出版社（北京市东城区青年湖南街13号　邮政编码100011）
印　　装：涿州市般润文化传播有限公司
787mm×1092mm　1/16　印张20　字数485千字　2023年5月北京第1版第1次印刷

购书咨询：010-64518888 　　　　　　　售后服务：010-64518899
网　　址：http://www.cip.com.cn
凡购买本书，如有缺损质量问题，本社销售中心负责调换。

定　　价：65.00元

现阶段，天然气逐渐成为我国重要的应用能源，生产和生活中对于天然气的应用已经非常普遍，它作为一种清洁能源，在促进社会有效发展以及改善人类生活和保护大气层有着很重要的作用。在天然气应用中，其输送和储存是很重要的环节，储运方式对人们生产生活中用气的安全和利益有着直接影响，管道天然气和液化天然气（LNG）储运技术在当前运用十分广泛。

本书以天然气储运主流厂站工艺为原型，包含了天然气从气源到用户的全套工艺流程，将天然气储运全套工艺流程实训教学化处理，包含的模块有：城市燃气输配、压缩天然气母站运行、天然气液化工厂、液化天然气接收站、LNG+L-CNG 合建站运行。教材在气体放散、液化天然气脱酸等内容中有机融入节能环保意识，体现了党的二十大报告中提出的坚持绿水青山就是金山银山的理念。在快开盲板操作部分引入企业真实操作步骤，引导学生树立规范操作、以人为本、生命至上的安全生产理念，深入贯彻了党的二十大精神中公共安全治理模式向事前预防转型的原则。教材采用模块－项目－任务的形式编写，每个项目包含项目导读、项目学习单等；每个任务由若干个学习活动组成，具有清晰的工作过程，每个学习任务包含任务说明、任务学习单、知识链接、任务实施、任务学习成果、任务测评标准、任务拓展与巩固训练等，同时配套开发数字资源和实训项目，融合课程思政以及学生职业素养的培养，以学习者为中心设计活页式教材。

为便于对学习模块进行更新和替换，本书页码采用"模块－内容"二级编码方式，例如"1-23"表示模块一第 23 页。本书图表采用"模块－项目－内容""模块－项目－任务－内容"的三级和四级编码方式，方便学生替换项目的总图表及项目下方各个任务的图表。例如"图 1-1-1"表示模块一中项目一的第一个总图，"图 1-1-1-1"表示模块一中项目一下第一个任务的第一张图片。

本书由兰州石化职业技术大学潘鑫鑫主编。模块一的项目一和项目三、模块二、模块五由潘鑫鑫编写，模块一的项目二由甘肃陇投燃气有限责任公司高俊山编写，模块三由兰州石化职业技术大学赵状编写，模块四的项目一、项目二由兰州石化职业技术大学杨文洁编写，模块四的项目三由兰州石化职业技术大学马群凯编写。全书由潘鑫鑫策划、统稿，兰州石化职业技术大学贾如磊教授主审。

本书采用二维码的形式引入了多个视频和动画，丰富了教材内容，其中部分视频和动画来自于兰州石化职业技术大学天然气储运实训基地建设项目，由秦皇岛博赫科技开发有限公司和中国石油大学（华东）石油工业训练中心制作，在此真诚致谢！

由于编者水平有限，不足之处在所难免，恳请读者不吝赐教。

编者

2023 年 3 月于兰州

模块一 城市燃气输配

模块二 压缩天然气母站运行

模块三　天然气液化工厂

模块四　液化天然气接收站

模块五　LNG+L-CNG 合建站运行

二维码数字资源一览表

编号	名称	页码
M1-1	天然气加臭（城市门站）	1-5
M1-2	Y型过滤器	1-9
M1-3	转子流量计	1-9
M1-4、M1-15	压力表	1-9、1-50
M1-5、M1-14	安全阀	1-10、1-50
M1-6	球罐	1-10
M1-7、M1-13	球阀	1-19、1-50
M1-8	截止阀	1-19
M1-9	气动调节阀	1-19
M1-10	气动球阀	1-20
M1-11、M5-11	立式储罐	1-29、5-301
M1-12	清管作业	1-47
M1-16	清管器发射接收阀的用途及原理	1-61
M1-17	发球操作卡	1-63
M1-18	收球操作卡	1-71
M2-1	CNG母站工艺流程图	2-87
M2-2	CNG母站压缩机工艺流程图1	2-87
M2-3	CNG母站压缩机工艺流程图2	2-87
M2-4、M3-14、M4-8	往复式压缩机	2-89、3-179、4-250
M2-5、M5-9	加气机加液机操作步骤	2-89、5-293
M2-6	卧式脱水过滤器	2-104
M3-1	天然气液化工厂仿真系统介绍	3-120
M3-2	气液分离器	3-128
M3-3	活性炭过滤器	3-128
M3-4	天然气脱酸	3-131
M3-5	离心泵	3-139
M3-6	天然气脱水	3-143
M3-7	脱水塔	3-144
M3-8	板式换热器	3-152
M3-9	天然气液化	3-157
M3-10	重烃分离器	3-158
M3-11	膨胀机	3-158

模块一
城市燃气输配

>>>

门站是燃气自长输管线进入城镇燃气管网的关键设施，是长输管线的终点配气站，是城镇输配气系统的起点和总枢纽。任务是接收长输管线或气源厂来气，并根据需要进行净化、调压、存储、计量、气质检查和加臭后，送入城市燃气输配管网，再一级级分配给各级用户或直接送入大用户。

城市门站由净化系统、调压系统、计量系统、加臭系统、质量检测和站控系统组成。应具有安全放散、安全切断、使用线和备用线的自动切换等主要功能，且要求在保证精确调压和流量计量的前提下，设计多重的安全措施，确保用气的长期性、安全性和稳定性。可配备进口流量仪表及流量计算机，也可配备国产优质流量仪表；可采取保温及拌热措施；可根据用户要求选用不同的门站结构形式。

城市门站要根据输配系统调度要求分组设计计量和调压装置，计量和调压装置前设过滤器，调压装置还应根据燃气流量、压力降等工艺条件确定是否需设置加热装置。门站的进出口管线应设置切断阀门和绝缘法兰，站内管道上需根据系统要求设置安全保护及放散装置。在门站进站总管上最好设置分离器，当长输管线采用清管工艺时，其清管器的接收装置可以设置在门站内。图1-1为门站的布局分布图，不同的门站在具体布置和功能上会略有不同。

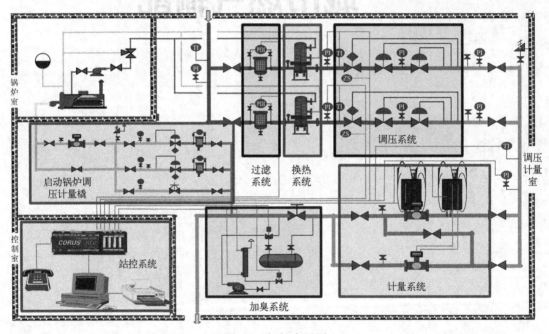

图1-1　门站布局图

项目一　　城市门站开停车

项目导读

　　门站的工艺流程如图 1-1-1 所示，由输气干线来的天然气首先进入分离器除尘，然后进入汇气管，经过调压器调压、流量计计量后送至下一级汇气管，加臭后再送入城市管网。门站内设一条越站旁通管，以备站内发生故障检修时，长输管线可以直接向城市管网供气。另外，该站设有清管器的接收装置，当长输管线清管时，按相应操作接收清管器。

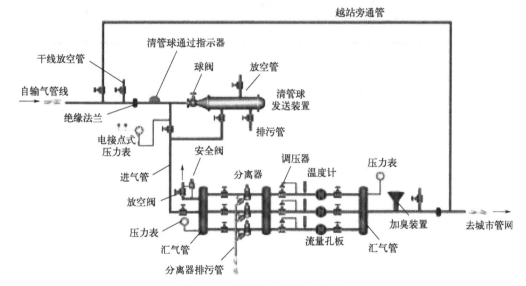

图 1-1-1　燃气分配站的工艺流程

项目学习单

项目名称		城市门站开停车	
项目学习目标	知识目标	• 掌握城市门站的工艺流程 • 掌握门站各设备的作用 • 掌握门站冷态开车、停车、调峰的操作原则	
	能力目标	• 能正确进行门站冷态开车操作 • 能正确进行门站停车操作 • 能正确进行门站储气调峰流程的开车操作	
项目学习目标	素质目标	• 培养读图意识 • 锻炼制定开停工方案的能力 • 培养团队协作能力 • 形成责任意识和安全工作态度	
学时		30	任务学时
工作任务	任务1	绘制城市门站工艺流程图	6
	任务2	城市门站冷态开车操作	12
	任务3	高压天然气缓冲操作	6
	任务4	城市门站正常停车操作	6

任务1　绘制城市门站工艺流程图

任务说明

　　某城市门站具有接收清管器、燃气净化、调压、计量、**加臭**等功能，天然气由高压输气管道送到门站总进站阀，进入汇管，经两路并联旋风分离器和重力分离器分离并计量后进入一级汇管。经过三路并联调压系统，将压力由 1.2MPa 调到 0.4MPa 进入二级汇管后，经加臭装置进入高压环城管网和低压管网。为了能顺利进行冷态开车、停车等正常操作，需要首先熟悉整个门站的工艺流程，请根据现场情况绘制该门站工艺流程图，并清晰掌握每个设备的标号和功能。

M1-1　天然气加臭（城市门站）

任务学习单

任务名称		绘制城市门站工艺流程图
任务学习目标	知识目标	• 会绘制和识读工艺流程图 • 明白门站中每个设备的功能 • 能描述出门站主流程 • 能描述出加臭流程 • 能描述出门站调峰流程
	能力目标	• 能在流程图和现场快速、准确找到指定阀门和设备
	素质目标	• 锻炼认真对待小任务的耐心 • 养成细心和严谨的学习、工作态度
任务完成时间		6 学时
任务完成环境		天然气管输实训室
任务工具		铅笔、橡皮、尺子、A3 图纸
完成任务所需知识和能力		• 工艺流程图的绘制和识读方法 • 门站的功能
任务要求		• 根据实训现场的布置和城市燃气门站的结构和功能，绘制实训场地的门站工艺流程图，并正确对每个阀门和设备进行标号
任务重点	知识	• 工艺流程图的绘制要求 • 设备及阀门图例画法
	技能	• 能按现场流程绘制工艺流程图，并能根据流程图读流程
任务结果		完成城市门站完整工艺流程图 1 张

知识链接

一、工艺流程说明

1. 工艺流程图简介

　　工艺流程图是用图形符号形式，表达产品通过工艺过程中的部分或全部阶段所完成的工作，能够十分清晰明了地表达工艺流程中各部分原件的结构以及工艺的运行过程。工艺流程图一般有如下几种：

（1）全厂总工艺流程图或物料平衡图（PFD）　在化工厂设计中，为总说明部分提供的全厂流程图样。对综合性化工厂则称全厂物料平衡图。图上各车间（工段）用细实线画成长方框来示意。流程线只画出主要物料，用粗实线表示。流程方向用箭头画在流程线上。图上还注明了车间名称，各车间原料、半成品和成品的名称，平衡数据和来源、去向等。

（2）物料流程图（material balance diagram，MBD）　是在全厂总工艺流程图基础上，分别表达各车间内部工艺物料流程的图样。在流程上标注出各物料的组分、流量以及设备特性数据等。

（3）工艺管道及仪表流程图（piping & instrument diagram，PID）　也称带控制点的工艺流程图。是借助统一规定的图形符号和文字代号，用图示的方法把建立石油化工工艺装置所需的全部设备、仪表、管道、阀门及主要管件，按其各自功能，在满足工艺要求和安全、经济的前提下组合起来，以起到描述工艺装置的结构和功能的作用。

2. PID 图

储运行业接触比较多的就是第三种 PID 图。它不仅是设计、施工的依据，而且也是企业管理、试运行、操作、维修和开停车等各方面所需的完整技术资料的一部分。

通过工艺管道及仪表流程图可以了解：

① 设备的数量、名称和位号；

② 主要物料的工艺流程；

③ 其他物料的工艺流程；

④ 通过对阀门及控制点分析，了解生产过程的控制情况。

3. 流程图绘制注意事项

我们需要绘制的是门站系统的 PID 图，在绘制门站系统工艺流程图时，要注意以下几点：

① 工艺流程图一般不按比例画，但要保持设备的相对大小及相对位置的高低。

② 地上管路用粗实线表示，地下管路用粗虚线表示，管沟管路用粗虚线外加双点划线表示。主要工艺管路（输油管路）用最粗的线型，次要或辅助管路（真空管路）用较细的线型。

③ 不论管路的直径有多大，在图上体现的线条粗细应一致。

④ 为了在图样上避免管线与管线、管线与设备间发生重叠，通常把管线画在设备的上方或下方，管线与管线发生交叉时，应遵循竖断横连的原则在图上画出。

⑤ 管路上的主要设备、阀门及其他重要附件要用细实线按规定符号在相应处画出，不论设备的规格如何，其在同一图纸上出现的规定符号大小应基本一致。

⑥ 工艺流程图中的每一台设备均应编写位号并标注名称，通常注在设备图形附近，也可直接注在设备图形之内。图上还通常附有设备一览表，列出设备的编号、名称、规格及数量等项。若图中全部采用规定画法的可不再有图例。

⑦ 图上所有文字（除签名）用仿宋体。

4. 设备的画法与标注

各种设备（动、静）在图上一般只需用细实线画出大致外形轮廓或示意结构，设备大小只需大致保持设备间相对大小、设备之间相对位置及设备上重要接管口位置大致符合实际情况即可。

常见设备和附件的规定画法图例按 HG/T 20519—2009 规定来画。常用设备标准图例、常见阀门的图形符号、仪表控制回路的表示方法、常用测量仪表图例、执行机构图例见图 1-1-1-1 ～图 1-1-1-5。

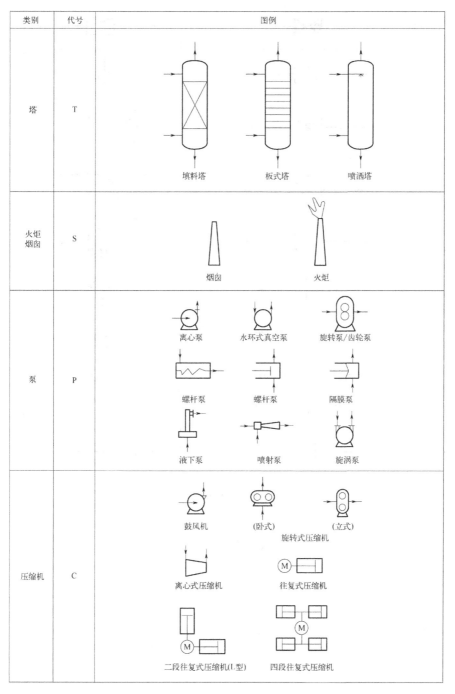

类别	代号	图例
塔	T	填料塔　板式塔　喷洒塔
火炬烟囱	S	烟囱　火炬
泵	P	离心泵　水环式真空泵　旋转泵/齿轮泵 螺杆泵　螺杆泵　隔膜泵 液下泵　喷射泵　旋涡泵
压缩机	C	鼓风机　(卧式)　(立式) 旋转式压缩机 离心式压缩机　往复式压缩机 二段往复式压缩机(L型)　四段往复式压缩机

图 1-1-1-1　常用设备标准图例

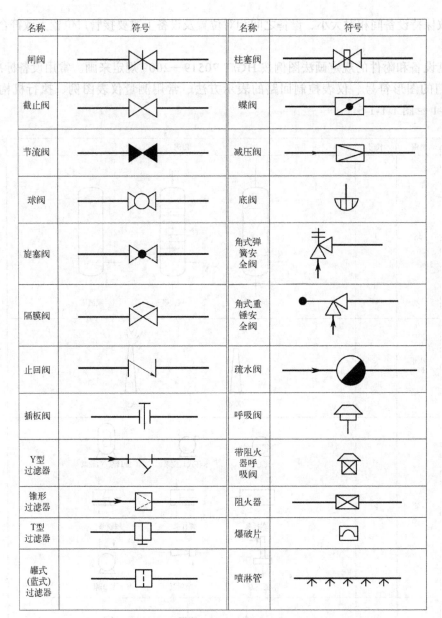

名称	符号	名称	符号
闸阀		柱塞阀	
截止阀		蝶阀	
节流阀		减压阀	
球阀		底阀	
旋塞阀		角式弹簧安全阀	
隔膜阀		角式重锤安全阀	
止回阀		疏水阀	
插板阀		呼吸阀	
Y型过滤器		带阻火器呼吸阀	
锥形过滤器		阻火器	
T型过滤器		爆破片	
罐式(篮式)过滤器		喷淋管	

图 1-1-1-2 常见阀门的图形符号

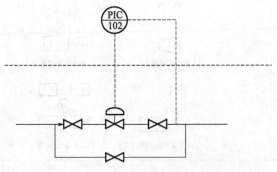

图 1-1-1-3 仪表控制回路的表示方法

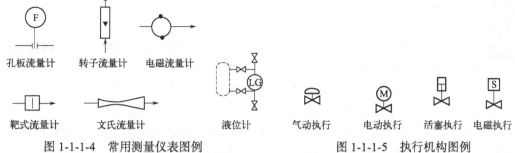

图 1-1-1-4 常用测量仪表图例　　　　　　　图 1-1-1-5 执行机构图例

二、门站和储配站的主要设备

城市燃气门站是城镇燃气输配系统中的重要基础设施。门站和储配站在功能和设计上有许多相似之处，根据燃气性质、供气压力、系统要求等因素，城镇燃气门站、储配站的主要功能是接收气源来气，并进行燃气除尘、净化、储存、调压、计量、分配、气质检测，加臭后送入城镇或工业区的管网。

1. 门站主要设备

根据门站和储配站的功能，其站内主要设备有：

（1）储气设备　储气设备包括高压储气罐、低压储气罐（柜）和高压储气管束。高压储气罐工作压力（表压）大于 0.4MPa，依靠压力变化储存燃气，有球形、圆筒形（卧式、立式）之分。低压储气罐工作压力（表压）在 10kPa 以下，依靠溶剂变化储存燃气，有湿式低压储气罐和干式低压储气罐两种。高压储气管束实质上是一种高压管式储气罐，它是将一组或几组钢管埋设在地下，对燃气施以高压压入管束内进行储存。

（2）过滤净化装置　净化装置包括**过滤器**、除尘器、分离器等，一般设置在计量、调压装置前和进站总管上，其主要功能是除去燃气中的液体、固体杂质，以减少对设备、仪表与管道的磨损与堵塞，保证计量、调压精度。

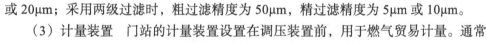

M1-2　Y 型过滤器

常用滤芯为玻璃纤维的筒形过滤器，采用单级过滤时，过滤精度一般为 10μm 或 20μm；采用两级过滤时，粗过滤精度为 50μm，精过滤精度为 5μm 或 10μm。

（3）计量装置　门站的计量装置设置在调压装置前，用于燃气贸易计量。通常采用涡轮流量计，也有采用多声道超声波式流量计、**转子流量计**和涡街式流量计等。

M1-3　转子流量计

（4）调压装置　根据门站和储配站出口压力要求，调压装置可分为高高压调压器、高中压调压器、中低压调压器等类型。

（5）测量仪表　测量仪表包括温度计、**压力表**及其传感装置等。

（6）气质检测设备　通常采用燃气专用气相色谱分析仪测定燃气的组分，计算其密度，评定其热值、华白指数等；利用硫化氢分析仪、水露点分析仪、氧气分析仪分别测定燃气中硫化氢、水分和氧气含量。目前，天然气门站设置分析小屋，将这些分析仪及样气处理系统等合并设置，美观、实用。

M1-4　压力表

（7）**加臭**装置　无臭味或臭味达不到要求的城镇燃气需通过加臭装置进行加臭。加臭装置可设置在门站的进口或出口处。对气源进气口较多的燃气输配系统，可从多个地点进行加臭。加臭装置的工作环境温度一般为 -30 ~ 50℃。

（8）安全装置　门站站内管道上应根据系统要求设置安全保护及放散装置，其功能是

M1-5 安全阀

在超压情况下开启放散泄压。一般采用弹簧封闭全启式**安全阀**，也可采用远程遥测、遥控安全装置。

（9）加压设备　对门站、储配站的燃气加压设备应结合输配系统总体设计采用的工艺流程、设计符号、出站压力及调度要求确定，一般装机台数不宜过多。

以天然气为气源的门站兼有制取压缩天然气任务时，应单独设置压缩机室。

（10）清管装置　接收长输支干线来的天然气门站应在进口端设置清管器接收装置，以接收上游供气管道发送的清管器，收集、处理清管污物。根据气质情况，高压储配站内也可设置相应的清管器收发装置，以清扫连接储配站之间的燃气输送干管。

（11）监测与控制系统　门站的主要监测参数为燃气的进站压力、温度、流量、成分；出站压力、温度、流量；过滤器前、后压差；调压器前、后压力；臭味剂加入量；可燃气体浓度。控制系统的控制对象主要是进站、出站管道上设置的可远程操控的阀门。

监测与控制系统采用计算机可编程控制系统收集监测参数与运行状态，实现画面显示、运算、记录、报警以及参数设定等功能，并向监控中心发送运行参数，接收中心调度指令。

M1-6 球罐

2. 主要设备及仪表

表 1-1-1-1 和表 1-1-1-2 分别列出城市门站主要设备与主要仪表指标。

表 1-1-1-1　城市门站主要设备

序号	设备位号	设备名称	序号	设备位号	设备名称
1	V-2101	重力分离器	7	H-2101A/B/C	汇管 A/B/C
2	V-2102	球罐	8	P-2101	加臭剂泵
3	V-2103	收球桶	9	G-2101A/B/C	篮式过滤器 A/B/C
4	V-2104	加臭剂罐	10	F-2101	高高压调压器
5	V-2105	旋风分离器	11	V-2201	末端调压柜
6	V-2106	集中放散桶	12	F-2102A/B	高中压调压器

表 1-1-1-2　城市门站主要仪表指标

序号	位号	正常值	单位	序号	位号	正常值	单位
1	FI-2101	5000	m^3/h	10	PG-2201	0.3	MPa
2	FI-2102	5000	m^3/h	11	PG-2202	0.05	MPa
3	FI-2103	10000	m^3/h	12	PI-2101	1.5	MPa
4	FI-2104	1.5	m^3/h	13	PI-2102	1.5	MPa
5	FI-2201	80	m^3/h	14	PI-2103	1.2	MPa
6	FI-2202	80	m^3/h	15	PI-2104	0.4	MPa
7	LI-2101	0 ~ 100	%	16	PI-2105	1	MPa
8	LI-2102	0 ~ 100	%	17	PI-2106	1.5	MPa
9	LI-2103	0 ~ 100	%	18	TI-2101	25	℃

三、工艺流程图

图 1-1-1-7 ~ 图 1-1-1-9 分别绘出城市门站半实物仿真工厂的长输管道工艺流程图、门站工艺流程图、末端调压柜工艺流程图。

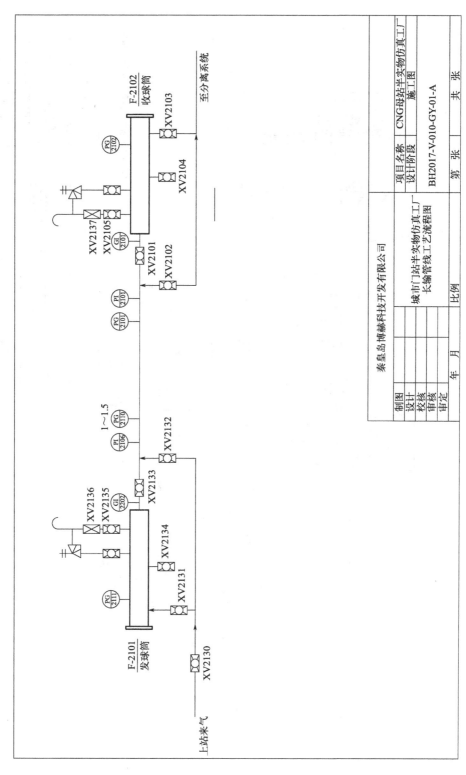

图 1-1-1-6 城市门站半实物仿真工厂 - 长输管道工艺流程图

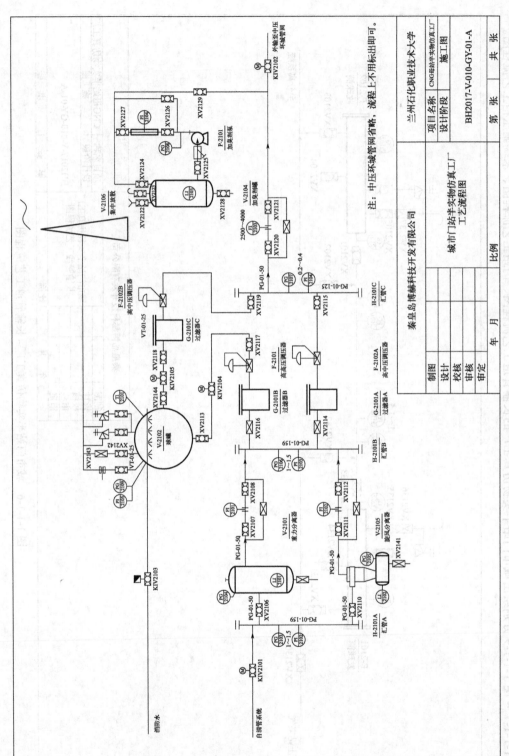

图 1-1-1-7 城市门站半实物工艺流程图

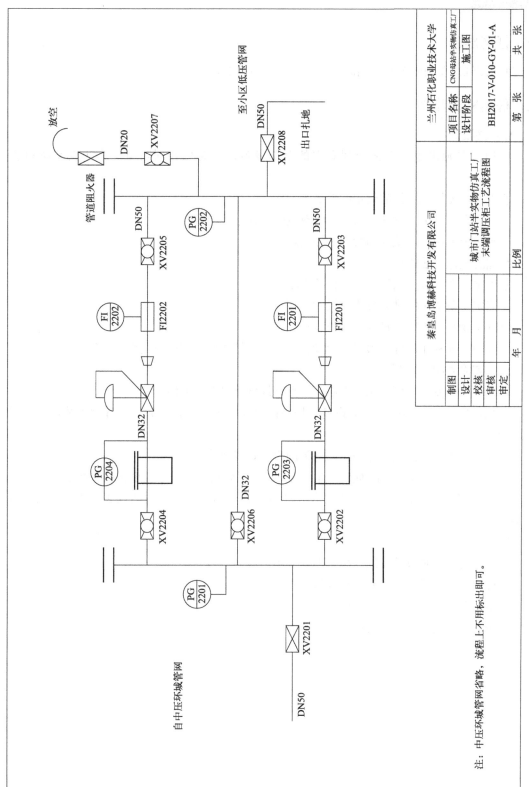

图 1-1-8　城市门站半实物仿真工厂 - 末端调压柜工艺流程图

一、任务准备

准备图纸以及画图工具，同时提前熟悉实训场地工艺流程。

二、任务实施步骤

1. 草图设计

① 用框图画出生产工艺流程必需的全部设备，设备的相对位置、大小要基本符合实际。

② 设计出无标准图例的设备的轮廓图。

③ 确定设备间工艺物料线及辅助物料线的最佳连接位置。

④ 画出全部阀门、重要的管件、控制点。

2. 图面设计（正式）

① 确定绘图区域，图例、标题栏的大小。

② 确定设备图例的排列方式、尺寸、相对位置。

③ 确定物料流程线的排列方式与相对位置。

④ 合理选择标注内容、项目，为设备、仪表、管道确定编码方式和统一编号。

3. 工艺流程图的绘制

① 按照工艺流程顺序，从左至右，用点划线画出设备中心线。

② 用细实线按图例画出所有设备。按门站平面布置的大体位置，将各种工艺设备在图上布置好。

③ 先用细实线按流程顺序和物料种类画出物料线及流向。

按正常生产工艺流程、辅助工艺流程的要求，用管路将各种工艺设备联系起来。

④ 用细实线按流程顺序和标准图例画出控制阀、重要管件、检测仪表、相应控制信号连接线。

⑤ 检查、调整。

⑥ 将物流线改画成粗实线，用标准箭头画出流向。

⑦ 标出设备位号、管道号、仪表号及相应文字。

⑧ 给出图例与代号、符号说明。

⑨ 按标注绘制、填写标题栏。

任务学习成果

工艺流程图一张：流程完整、图上符号准确，阀门标号完整，画图规范、整洁。

任务测评标准

测评项目：城市门站工艺流程图的绘制。

测评标准：城市门站工艺流程图绘制考核评分标准见表 1-1-1-3。

表 1-1-1-3　城市门站工艺流程图绘制考核表

测评内容	分值	要求及评分标准	扣分	得分	测评记录
图面整洁	10	画图规范、整洁，图面清晰，字体工整，图上图例、标题栏等各要素完整，无错误			
流程完整性	35	门站工艺流程完整且正确，从储气罐到清管系统，再到燃气净化、调压、储气、加臭、调压撬			
流程标注	30	用仿宋字体对每个设备进行标注，图上符号准确，阀门标号完整，图例完整且正确			
文明作业	10	文明操作，遵守纪律，无吵闹现象			
时限	15	整个绘图时间控制在 3h 内完成，每超出 10min 扣 1 分，超过 30min 停止绘图，未完成内容不得分			
合计					

任务拓展与巩固训练

此门站能够实现哪些功能？

笔记

任务 2　城市门站冷态开车操作

任务说明

某城市门站建成或检修后，试压、吹扫等所有准备工作均已完成，具备开车条件，请根据门站的工艺流程制定冷态开车方案，并完成冷态开车操作。

任务学习单

任务名称		城市门站冷态开车操作
任务学习目标	知识目标	• 了解城市门站进站要求 • 掌握门站冷态开车的原则及注意事项
	能力目标	• 能根据工艺流程及开车原则制定冷态开车的步骤 • 能正确进行冷态开车操作
	素质目标	• 形成团队合作意识 • 能解决在合作操作过程中遇到的各种问题
任务完成时间		12 学时
任务完成环境		天然气管输实训室
任务工具		安全帽、手套、虚拟化工仿真系统、对讲机、工艺流程图、电池、螺丝刀、扳手
完成任务所需知识和能力		• 门站进站要求及注意事项 • 阀门操作方法 • 燃气加臭方法及加臭流程 • 门站内过滤器、分离器、流量计、调压器等设备的作用和设置要求 • 对讲机的使用
任务要求		• 小组合作完成冷态开车的操作，并要求每个人都能胜任内操和外操的工作 • 能对操作过程中出现的问题进行原因分析并解决
任务重点	知识	• 门站的工艺流程 • 阀门结构和原理
	技能	• 制定冷态开车流程 • 阀门的操作及故障处理
任务结果		（1）城市门站调压及加臭流程打通，各设备运行正常，关键参数如下： ☆进站汇管 -2101A 压力 1.5MPa； ☆汇管 -2101B 压力 1.2MPa； ☆出站汇管 -2101C 压力 0.4MPa； ☆出站汇管 -2101C 出口流量 10000m³/h； ☆旋风分离器液位 30% 以下； ☆重力分离器液位 30% 以下。 （2）末端调压柜流程打通，运行正常，关键参数如下： ☆出口压力 0.05MPa

一、职业要求

1.门站进站须知

① 工作人员进入操作室、工艺区、严禁携带明火及易燃易爆物品。

② 非门站工作人员，不得随意进入站内。其他人员确因工作需要进站，必须办理进站审批手续后方可进入。

③ 工作人员上岗前和上班期间严禁饮酒，不准穿拖鞋、带有钉子的鞋上岗，必须穿着规定的劳动保护用品进行操作，严格按规程操作。

④ 站内严禁用汽油、溶剂等易挥发油品洗刷零件、地面、设备，使用上述油品时必须在批准的指定地点。

⑤ 岗位操作人员必须经过严格培训和技术考核后持证上岗。

⑥ 非岗位操作人员不准乱动仪表、阀门和机电设备。

⑦ 站内人员严禁在站区内使用移动通信工具。

⑧ 各种机动车辆、电瓶车、畜力车未经批准不得进入门站。

2.职业道德标准

① 熟悉相关法律、法规，热爱本职工作，以岗位为荣，以职业为荣，自觉维护职业形象，杜绝有损职业形象的言行。

② 爱岗敬业、诚信服务、熟悉业务、掌握技能、服务客户、奉献社会。

③ 团结友爱、互相尊重、互相支持、互量互让；不讲不利于团结的话，不做不利于团结的事。

④ 秉公办事，不谋私利，不借工作之便吃、拿、卡、要，不刁难客户，谢绝客户小费或其他馈赠。

⑤ 恪尽职守，廉洁奉公，不从事影响本职工作的兼职，不私揽业务，不泄露场站商业秘密，不散布有悖于场站规定的言论。

3.服务礼仪标准

（1）着装仪表标准

① 着装规范。穿工作服，不披衣、不敞怀、不卷袖口和裤腿，不穿拖鞋。

② 仪表端庄、服饰整洁。服务窗口男性员工不留长发、不染发（染黑发除外）、不戴耳环、不文身、不留胡须及大鬓角，不留长指甲；女性员工不化浓妆，不涂彩色指甲，饰物适当；不戴有色眼镜（工作需要和眼疾除外）。

（2）服务语言标准

① 用语准确、称呼恰当、问候亲切、语气诚恳。

② 迎送客户时使用文明礼貌用语，如："您好""早上好""欢迎光临""请走好""欢迎再来""再见"。

③ 招呼客户时使用文明礼貌用语，如："您""先生""小姐""大姐""老人家""师傅"。

④ 征询、回答客户需求时，使用文明礼貌用语，如："请""谢谢""请稍后""不客气""没关系""这是我应该做的""我能为您做点什么吗？""您需要了解什么吗？"。

⑤ 表示道歉时使用文明礼貌用语，如"对不起""很抱歉""请原谅""您久等了"。

（3）形体动作标准

① 精神饱满、落落大方。

② 站姿正直平稳，不摇晃、不倚靠它物。

③ 坐姿端正自然，不前俯后仰，不东倒西歪，不摇腿跷脚。

④ 走姿平稳，不拖沓。

⑤ 办理业务动作快捷熟练，解说业务动作不过大、不叉腰、不抱胸；按客户阅读方向递送资料，动作轻捷，不抛不丢。

（4）服务态度标准

① 服务态度亲切谦和、精神饱满，回答问题面带微笑、态度诚恳、自然大方、口齿清晰、语速适宜。

② 尊敬客户，对客户一视同仁，不轻视、不怠慢、不讽刺、不轻薄，做到"客疑我释，客忧我排，客难我解，客火我静，客争我劝，客错我容"。

二、流程描述

由长输管线输送到城市的 1.5MPa 的高压天然气，在城市门站内分离净化、调压、加臭后压力降为 0.4MPa（高压降为中压），外输至中压环城管网，然后经过区域调压撬降压至 0.05MPa 后（中压降为低压），送入小区低压管网供用户使用。要求城市门站各设备运行正常，两分离器的液位合格，中、低压管网压力稳定。

三、阀门操作

1. 手动阀门操作

（1）熟悉阀门

① 通常情况下，手轮（手柄）顺时针方向旋转关闭阀门，逆时针方向旋转开启阀门。

② 操作前要清楚管路中介质的流向，注意检查阀门开关状态标志。

（2）开关阀门

① 操作阀门时，应缓慢开关，均匀用力，不得用冲击力开闭阀门。

② 同时操作多个阀门时，要注意操作顺序，并满足生产工艺要求。

M1-7 球阀

③ 操作球阀、截止阀、阀套式排污阀、阀套式放空阀时只能全开或全关，严禁做调节用。

④ 操作截止阀、阀套式排污阀、阀套式放空阀过程中，在阀门关闭或开启到上死点或下死点时，应回转 1/2 ~ 1 圈，以免损坏密封面。

⑤ 手轮（手柄）直径（长度）小于或等于 320mm 时，只允许一人操作。手轮（手柄）直径（长度）大于 320mm 时，允许多人共同操作，或者借助适当的杠杆（一般不超过 0.5m）操作阀门。

M1-8 截止阀

2. 气动球阀操作

（1）检查和准备

① 检查执行机构及附属装置处于完好状态。

② 检查执行机构与阀门连接法兰螺栓紧固。

M1-9 气动调节阀

③ 检查气动阀外观，看该气动阀门是否受潮，如果有受潮要做干燥处理；如果发现有其他问题要及时处理，不得带故障操作。

（2）开关阀门

① 在第一次投用气动执行器时，应进行往复循环动作，使活塞密封环或活塞杆密封进行磨合，保证无泄漏。

② 不锈钢气动球阀要检查气动执行器动作与阀门开关的一致性和协调性。

③ 在调整阀门开关速度时，应通过执行器的流量控制阀来均匀调节，不应限制进入的流量和过分限制排量，以防止发生不稳定的运行。

④ 气动执行器和阀门应保证良好润滑，运行灵活。

M1-10 气动球阀

（3）不锈钢气动球阀维护

① 检查支架和各连接处的螺栓是否紧固，阀件是否齐全、完好。

② 阀门的填料压盖不宜压得过紧，应以阀门开关（阀杆上下运动）灵活为准。

3. 液动阀门操作

① 检查油箱油位和油质是否符合要求，液压油泵、油路的各部位及密封处有无渗漏。

② 使用前应全面检查其连接各部位的螺栓有无松动，保证连接可靠。

③ 检查理论阀位与阀的实际开闭位置是否相符。

④ 检查手压泵打油是否充足、稳定，油箱内油量、油质应符合要求。

⑤ 球阀开关前，应使球体两端密封圈的压力为零，以减少球和密封圈的摩擦力。球阀开关后，应及时向球体密封圈充压。

⑥ 检查分配阀上各阀是否处于相应的控制位置。压油时必须注意通、断指示表的转送位置。

⑦ 球阀在关闭情况下，若稳压缸的压力低于规定值，应给稳压缸加压。

⑧ 阀门开关不到位时，应及时进行检修。

4. 电动阀门的操作原则

① 对停用三个月以上的电动装置，启动前应检查离合器，确定手柄在手动位置后，再检查电机的绝缘、转向及电气线路。

② 启动时，确认离合器手柄在相应的位置。

③ 采用现场操作阀门时，应监视阀门开闭指示和阀杆运行情况，阀门开度要符合要求。

④ 采用现场操作全关闭阀门时，在阀门关到位前应停止电动关阀，改用微动将阀门关到位。

⑤ 对行程和超扭矩控制器整定后的阀门，首次全开或全关阀门时，应注意监视其对行程的控制情况，如阀门开关到位置没有停止的，应立即手动紧急停机。

⑥ 在开、闭阀门过程中发现信号指示灯有误、阀门有异常响声时，应及时停机检查。

四、燃气加臭

城镇燃气在空气中应具有嗅觉能力一般的正常人可以察觉的臭味，以警觉燃气的泄漏，及时采取措施，消除隐患。当城镇燃气自身气味不能使人有效察觉和明显区别于日常环境中其他气味时，应进行补充加臭。为保证燃气输送和使用的安全，及时发现漏气，目前大多数国家在天然气分配站要向无味的天然气中注入加臭剂。

1. 常用加臭剂

燃气臭味剂多采用硫化物，如乙硫醇、四氢噻吩（THT）等。

（1）乙硫醇　以前许多地方使用乙硫醇作为燃气加臭剂，另外还包括专门配置的或者由含硫石油馏分中得到的混合加臭剂，这些加臭剂中除含有硫醇外，还包括硫醚、二甲硫、二乙基硫化物及其他硫化物和二硫化物等。这类加臭剂基本能够满足气味剂警示要求，价格较低，气味较四氢噻吩强，但有腐蚀性、毒性、易冷凝、化学性质不稳定的缺点，目前已经使用不多了。

（2）四氢噻吩（THT）　四氢噻吩又称噻吩烷，是无色、无毒、无腐蚀性的透明油状液体，具有恶臭气味，是近几年来在天然气中广泛使用的加臭剂。具有化学性质稳定、抗氧化性强、气味留存时间久、燃烧后无残留、添加量少、腐蚀性小、不污染环境等优点。它通常以纯的未稀释的形式使用。

2. 加臭剂的添加量

《城镇燃气设计规范（2020年版）》（GB 50028—2006）中3.2.3条规定"城镇燃气应有可以察觉的臭味"，燃气中加臭剂的最小量应符合下列规定：

① 无毒燃气泄漏到空气中，达到爆炸下限的20%时，应能够察觉。

② 有毒气体泄漏到空气中，达到对人体允许的有害浓度时，应能够察觉。对于以一氧化碳为有毒成分的燃气，空气中一氧化碳含量达到0.02%（体积分数）时，应能察觉。

3. 加臭装置的运行、维护与操作

对加臭装置的运行、维护应符合下列规定：

① 应定期检查储液罐内加臭剂的储量；

② 控制系统及各项参数应正常，出站加臭剂浓度应符合现行国家标准《城镇燃气设计规范（2020年版）》（GB 50028—2006）的规定，并定期抽样检测；

③ 加臭泵的润滑油液位应符合运行规定；

④ 加臭装置不得泄漏；

⑤ 加臭装置应定期进行校验；

⑥ 对加臭剂应妥善保管，加臭剂的储存应符合有关规定的要求。

加臭剂及加臭设备本身的安全管理也是很重要的。因为臭剂本身就是易挥发的可燃可爆物质，应严格遵守操作规程。具体内容如下：

① 臭剂的购置、运输必须按照国家有关危险品的管理办法执行；

② 库房与加臭间应按"H-1"级"Q-1"级建筑物管理；

③ THT的储存要避免温度过高（低于20℃）或阳光照射，并不得与其他物品混合存放；

④ 储液桶及计量罐灌装时，必须留有10%以上的自由空间；

⑤ 操作人员必须有2人以上同时操作，并穿戴好防护衣、口罩、手套及眼镜等，不得猛烈移动或打击储液桶；

⑥ 清理时应用含氯漂白液冲洗，残液应拌砂后掩埋。

任务实施

一、任务准备

根据流程描述及冷态开车要求制定城市门站冷态开车操作步骤。

二、任务实施步骤

1. 系统登录说明

（1）双击桌面 DCS 图标，打开 WinCC 项目管理器（图 1-1-2-1）。

图 1-1-2-1　系统桌面图标

（2）待运行符号变为蓝色（图 1-1-2-2），点击运行三角符号，运行 WinCC 管理器，进入系统登录界面。

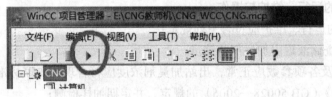

图 1-1-2-2　运行符号

（3）点击右下角"欢迎进入 HSE 系统"，进入系统界面（图 1-1-2-3）。

图 1-1-2-3　进入系统界面

（4）点击下方"城市门站"，完成系统登录（图 1-1-2-4）。

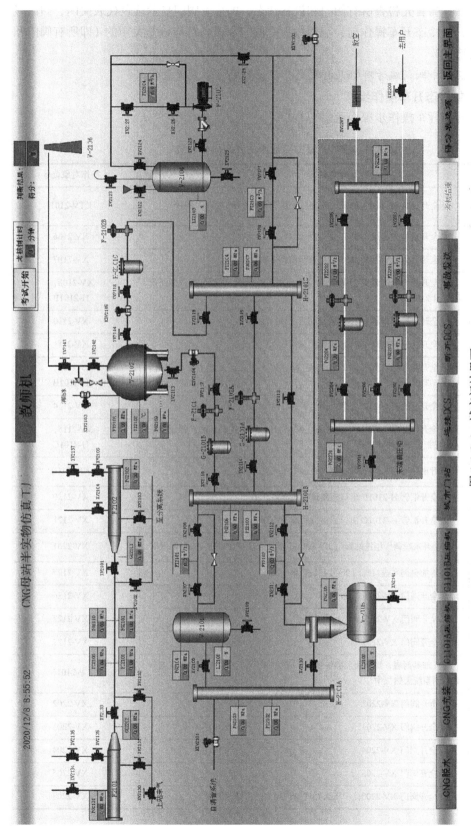

图 1-1-2-4　城市门站界面

进入系统后，需首先检查所有阀门和设备状态，屏幕上阀门显示蓝色代表关闭，阀门显示绿色代表打开。冷态开车操作前，流程中所有阀门和设备都应该是关闭的（即所有阀门和设备颜色应为蓝色）。

思考题：流程中阀门编号有哪几种形式？不同的编号形式代表什么？

2. 城市门站冷态开车操作步骤

城市门站冷态开车操作步骤详见表 1-1-2-1。

表 1-1-2-1　城市门站冷态开车操作步骤

	操作对象描述	操作对象位号
燃气进站，进入汇管 A	① 全开进站阀门 KIV-2101，将高压天然气引入进站汇管 H-2101A	KTV-2101
启动分离器及流量计，燃气进入汇管 B	② 全开重力分离器 V-2101 进口阀门 XV-2106	XV-2106
	③ 全开重力分离器 V-2101 出口流量前阀 XV-2107	XV-2107
	④ 全开重力分离器 V-2101 出口流量后阀 XV-2108，天然气进入调压前汇管 H-2101B	XV-2108，H-2101B
	⑤ 全开旋风分离器 V-2105 进口阀门 XV-2110	XV-2110
	⑥ 全开旋风分离器 V-2105 出口流量前阀 XV-2111	XV-2111
	⑦ 全开旋风分离器 V-2105 出口流量后阀 XV-2112，天然气进入调压前汇管 H-2101B	XV-2112，H-2101B
开过滤器，燃气进入汇管 C	⑧ 全开过滤器 G-2101A 进口阀门 XV-2114	XV-2114
	⑨ 全开过滤器 G-2101A 出口阀门 XV-2115，天然气经过滤，调压后进入出站汇管 H-2101C	XV-2115，H-2101C
	⑩ 开出站阀门 KIV-2102，燃气进入中压环城管网	KIV-2102
汇管 C 后的计量	⑪ 全开汇管 H-2101C 出口**流量计前阀** XV-2120	XV-2120
	⑫ 全开汇管 H-2101C 出口流量计后阀 XV-2121	XV-2121
	⑬ 全开末端调压柜进站阀门 XV-2201，燃气由环城管网进入末端调压柜	XV-2201
燃气加臭	⑭ 将加臭剂泵进口阀门 XV-2125 打开	XV-2125
	⑮ 全开阀门 XV-2126	XV-2126
	⑯ 全开阀门 XV-2127	XV-2127
	⑰ 全开阀门 XV-2129	XV-2129
	⑱ （加臭剂罐、加臭剂泵准备就绪）启动加臭剂泵 P-2101，将加臭剂打入管网系统天然气中	P-2101
打通末端调压柜流程	⑲ 全开阀门 XV-2202	XV-2202
	⑳ 全开阀门 XV-2203	XV-2203
	㉑ 全开阀门 XV-2204	XV-2204
	㉒ 全开阀门 XV-2205	XV-2205
	㉓ 全开阀门 XV-2208，中压天然气经调压后进入低压管网	XV-2208

操作对象描述	操作对象位号
㉔ 当重力分离器 V-2101 液位 LI-2101 升高至 70% 后，全开排净阀门 XV-2109	XV-2109
㉕ 当液位 LI-2101 降至 30% 后，关闭排净阀门 XV-2109	XV-2109
㉖ 当旋风分离器 V-2105 液位 LI-2102 升高至 70% 后，全开排净阀门 XV-2141	XV-2141
㉗ 当液位 LI-2102 降至 30% 后，关闭排净阀门 XV-2141	XV-2141
㉘ 汇管 H-2101A 压力 PI-2102	PI-2102
㉙ 汇管 H-2101B 压力 PI-2103	PI-2103
㉚ 汇管 H-2101C 压力 PI-2104	PI-2104
㉛ 汇管 H-2101C 出口流量 FI-2103	FI-2103

其中分离器排液对应 ㉔～㉗，记录关键参数对应 ㉘～㉛。

任务学习成果

① 每位同学都能根据要求制定并熟练掌握冷态开车操作步骤；

② 能任意两人配合完成冷态开车操作；

③ 每位同学都能独立胜任内操和外操岗位的操作。

测评项目：城市门站冷态开车操作。

测评标准：城市门站冷态开车操作考核评分标准见表 1-1-2-2。

表 1-1-2-2　城市门站冷态开车考核表

测评内容	分值	要求及评分标准	扣分	得分	测评记录
步骤汇报	20	以小组为单位汇报冷态开车操作步骤，要求熟练掌握步骤，能准确快速找出教师任意指出的阀门位置			
准备工作	10	检查和恢复所有阀门至该任务的初始状态，检查泵的初始状态，检查协调对讲机			
基本操作	40	① 按正确的操作步骤进行冷态开车 ② 正确判断阀门的开关方向，切忌用力过大损坏阀门和设备			
文明作业	10	① 着装整齐，文明操作，遵守纪律 ② 操作过程配合默契，无吵闹现象 ③ 操作结束后将所使用工具摆放整齐，确保实训现场整洁			
特殊情况处理	10	对考核过程中出现的临时情况，比如阀门接触不好，阀门打不开等问题能进行正确的判断和处理			
时限	10	① 操作步骤汇报时间控制在 8min 内，每超出 10s 扣 1 分；超时 1min 停止汇报，不计成绩 ② 整个操作时间控制在 10min 内完成，每超出 10s 扣 1 分；超时 1min 停止操作，步骤未完成不计成绩			
合计					

任务拓展与巩固训练

加臭泵是什么泵，其流程特点是什么？体现在实训装置流程中是怎样的？

任务3 高压天然气缓冲操作

任务说明

某城市门站具有燃气调峰储罐，该城市的燃气来自长输干线供气，供气情况是连续均匀的，用气情况是不均匀的，请进行调峰流程的启动操作。

任务学习单

任务名称		高压天然气缓冲操作
任务学习目标	知识目标	• 燃气调峰的方法 • 高压储气罐调峰流程
	能力目标	• 能根据工艺流程熟练制定高压天然气缓冲支路的开车步骤 • 能正确进行高压天然气缓冲支路的开车操作
	素质目标	• 形成团队合作意识 • 能解决在合作操作过程中遇到的各种问题
任务完成时间		6学时
任务完成环境		天然气管输实训室
任务工具		安全帽、手套、虚拟化工仿真系统、对讲机、工艺流程图、电池、螺丝刀、扳手
完成任务所需知识和能力		高压天然气缓冲流程
任务要求		• 两个人配合完成高压天然气缓冲支路开车的操作，并要求每个人都能胜任内操和外操的相关操作 • 能对操作过程中出现的问题进行分析并解决
任务重点	知识	• 高压储气罐调峰流程
	技能	• 阀门的操作及故障处理
任务结果		（1）城市门站调压加臭和球罐储气调峰两路流程均打通，各设备运行正常，关键参数如下： ☆进站汇管-2101A压力1.5MPa； ☆汇管-2101B压力1.2MPa； ☆出站汇管-2101C压力0.4MPa； ☆出站汇管-2101C出口流量10000m³/h； ☆旋风分离器液位30%以下； ☆重力分离器液位30%以下； ☆球罐V-2102压力1.0MPa （2）末端调压柜流程打通，各设备运行正常，关键参数如下： ☆出口压力0.05MPa

知识链接

城市门站净化过滤后的天然气，一部分正常调压送入下游（冷态开车部分），一部分经高高压调压器调压后储存在球罐中，球罐储气压力1MPa，用气高峰时，球罐内的天然气经高中压调压器调至0.4MPa，与正常运行的高中调压支路的天然气汇合一起送入下游中压环城管网。城市门站各设备运行正常，球罐以及两分离器的液位合格，中低压管网压力稳定。

一、燃气调峰

城镇燃气的需用工况是不均匀的，随月、日、小时而变化，而气源的供气量一般变化不大，几乎是均匀的，特别是以长输干线供气时，不可能完全按需用工况变化而随时随地改变输气量。为了解决供气的均匀性与用气不均匀性之间的矛盾，保证不间断地向用户供气，必须采取有效的措施解决城镇燃气输配系统的供需平衡问题。

为满足供气平衡，解决随月、随日、随时的变化，必须要有足够的调峰措施。以往人工煤气、液化气作为城市气源供气时，气源、输配管网以及用户都由城市独立管辖，统一调度，城市不均匀的稳定供气，则由城市自身的调峰来解决。各城市都建设一定数量的调度气源以及建有足够容量的储罐来解决调峰问题，各自为政，自成体系。而天然气的供气则是由上游（气井）、中游（长输管道）及下游（用户）有机组成，由于它们分属不同公司，由不同部门管辖，因此天然气的调峰需要整个供气系统统一研究，协调解决。

根据国外天然气供气的经验，季节和月份的不均匀性通常是以建设地下储气库来解决，而平衡日、时的供气不均匀则通过高压输气管网中的末端储气来解决。地下储气库除在满足季节调峰的同时，当距离城市较近时，还可以用作短期调峰，平衡小时不均匀性。建立足够的地下储气库容量和发挥高压长输管道的储气能力，是保证不间断供气的有效措施。

采用天然气做气源，平衡城镇燃气逐月、逐日的用气不均匀性，应由气源方（即供气方）统筹调度解决；平衡小时的用气不均匀所需调度气量宜由供气方解决，不足时由城镇燃气输配系统解决。由天然气供气的上中游为主来解决下游所需的供气调峰。从整个供气系统来讲，是经济合理的。这样可以避免城市各自相应建立各种调峰应对措施，既费时又不经济。

二、燃气调峰方法

城市为解决调峰问题，目前常采用的措施有：

1.改变气源的生产能力或设置城市机动备用气源

改变气源的生产能力或设置机动气源，必须考虑气源的运转、启停的难易程度以及气源生产负荷变化的可能性和变化的幅度，同时还应考虑供气的安全性、可靠性和技术经济的合理性。

一般干馏煤气（尤其是焦炉煤气）的产量是不能或不宜调节的，而油制气、发生炉煤气、液化石油气混空气以及以液体燃料或煤作原料的代用天然气等气源具有调度灵活、机动性强、设备启动和停止比较方便、负荷调整范围大等特点，可以用于调整季节性用气不均匀或日用气不均匀，甚至可以平衡小时用气不均匀。

考虑到与天然气的互换性，可以作为城市天然气机动备用气源的有液化石油气混空气或者轻、重油制气设施等。除此之外，以高压气化气作为城镇燃气并联生产甲醇，当夏季用气量小时，多生产甲醇并储存起来，用气量达到高峰时，使甲醇分解为一氧化碳和氢，加入城镇燃气中增大气量，也是一种好的设想。

2.利用缓冲用户平衡供需

城镇燃气供应的缓冲用户是指能使一年中的用气波动达到最小值的可中断用气的用户和非高峰用气用户。如一些大型的工业企业和锅炉房等可使用多种燃料的用户，在夏季用气处于低谷时，可将多余燃气供应给这些缓冲用户使用，而在冬季用气高峰时，这些缓冲用户可改烧固体燃料和液体燃料，这样可以调节季节性用气不均匀和一部分日用气不均匀，另外还可采用调整大型工业企业用户的厂休日和作息时间，以及在节日用气高峰时有计划地暂停供应大型工业企业用户等方法来调解日用气不均匀。

3. 利用储气设施

（1）地下储气　天然气的地下储存通常有以下几种方法：利用枯竭的油气田储气，利用含水多孔地层储气，利用盐矿层建筑地下储气，利用岩穴储气。其中，利用枯竭的油田储气造价最高，对其他几种方法可在有适宜地质构造的地方采用。

（2）高压燃气管束和远程燃气干管的末段储气　高压天然气管输储气及长输干管末段储气是平衡日不均匀用气和小时不均匀用气的有效办法，高压管束储气是将一组或几组钢管埋在地下，对管内天然气加压，利用天然气的可压缩性（在 16MPa、15.6℃条件下天然气比理想气体的体积缩小 22% 左右）进行储气，利用常输干管末段储气或城镇外环高压管道储气是最经济的一种方法，也是国内外最常用的一种方法。利用长输干管末段储气是在夜间用气低峰时将天然气储存在管道中，这时管内压力升高，在白天用气高峰时，再将管内储存的天然气送出，管道内压力恢复正常。

长距离天然气管道供气是一个系统工程，上游、中游、下游有着密切的联系，调峰问题应作为整个系统中的问题，需从全局来解决，以求得天然气系统的优化，达到经济合理的目的。

（3）储气罐储气　储气罐是城镇燃气输配系统中的主要设备之一，根据储气罐的承受压力不同，可分为高压储气罐和低压储气罐。储气罐一般只用来平衡城镇用气的日不均匀性和小时不均匀性。

随着天然气日益普及，在大、中城市天然气门站普遍采用高压储气罐，用作城市调峰。高压储气球罐是储存同容量气体中结构最合理、耗钢量最少的，而且球罐占地面积最少，基础费用少。在高压输配工艺条件下，用高压储存天然气更为经济合理。

M1-11　立式储罐

三、高压储气罐调峰流程

高压球罐设有进出口管安全阀、压力表、温度计、排除阀、梯子、平台等。

图 1-1-1-8 是城市门站高压储存、二级调压、中压输送的工艺流程。一级调压器的作用是将高压天然气的压力降至储气罐的工作压力，以存入储气罐，二级调压器的作用是将燃气压力调节到出站管道的工作压力。

当供气量处于低峰负荷时，由天然气高压管线来的燃气，一部分经过一级调压进入高压球罐；另一部分经过二级调压，进入城市管网。当供气量处于高峰负荷时，高压球罐的天然气和经过一级调压后的高压干管来气汇合，经过二级调压，进入城市中压燃气管网。

任务实施

一、任务准备

以小组为单位制定城市门站高压天然气缓冲操作步骤。

二、任务实施步骤

高压天然气缓冲操作步骤见表 1-1-3-1。

表 1-1-3-1　高压天然气缓冲操作步骤

操作对象描述	操作对象位号
① 全开过滤器 G-2101B 进口阀门 XV-2116	XV-2116
② 全开过滤器 G-2101B 出口阀门 XV-2117	XV-2117
③ 全开球罐 V-2102 底部阀门 KIV-2104	KIV-2104
④ 全开球罐 V-2102 底部阀门 XV-2113，高压天然气经过高高压调压器调压，进入球罐储存	XV-2113
⑤ 全开球罐 V-2102 出口阀门 XV-2144	XV-2144
⑥ 全开球罐 V-2102 出口阀门 KIV-2105	KIV-2105
⑦ 全开球罐 V-2102 出口阀门 XV-2118	XV-2118
⑧ 全开球罐至汇管 H-2101C 阀门 XV-2119，球罐中高压天然气经过高中压调压器调压后进入出站汇管，补充用气高峰时段的气量不足	XV-2119

任务学习成果

① 每位同学都能熟练掌握高压天然气缓冲操作步骤；

② 能任意两人配合完成高压天然气缓冲操作；

③ 每位同学都能独立胜任内操和外操岗位的操作。

任务测评标准

测评项目：高压天然气缓冲操作。

测评标准：高压天然气缓冲操作考核评分标准见表 1-1-3-2。

表 1-1-3-2　高压天然气缓冲操作考核表

测评内容	分值	要求及评分标准	扣分	得分	测评记录
步骤汇报	20	以小组为单位汇报高压天然气缓冲操作步骤，要求熟练掌握步骤，能准确快速找出教师任意指出的阀门位置			
准备工作	10	检查和恢复所有阀门至该任务的初始状态，检查泵的初始状态，检查协调对讲机			
基本操作	40	① 按正确的操作步骤进行高压天然气缓冲操作 ② 正确判断阀门的开关方向，切忌用力过大损坏阀门和设备			
文明作业	10	① 着装整齐，文明操作，遵守纪律 ② 操作过程配合默契，无吵闹现象 ③ 操作结束后将所使用工具摆放整齐，确保实训现场整洁			
特殊情况处理	10	对考核过程中出现的临时情况，比如阀门接触不好、阀门打不开等问题能进行正确的判断和处理			
时限	10	① 操作步骤汇报时间控制在 5min 内，每超出 10s 扣 1 分；超时 1min 停止汇报，不计成绩 ② 整个操作时间控制在 5min 内完成，每超出 10s 扣 1 分；超时 1min 停止操作，未完成步骤不计成绩			
合计					

任务拓展与巩固训练

1. 缓冲球罐的接口都有哪些？

2. 描述球罐顶部放空火炬的流程的设置。

任务4　城市门站正常停车操作

任务说明

某城市门站运行一段时间后，需按计划进行停车检修，请进行城市门站正常停车操作。

任务学习单

任务名称		城市门站正常停车操作
任务学习目标	知识目标	• 掌握门站停车类型 • 掌握燃气停气一般规定
	能力目标	• 能根据工艺流程熟练制定城市门站正常停车的步骤 • 能正确进行城市门站正常停车操作
	素质目标	• 形成团队合作意识 • 形成责任意识和安全工作态度 • 能解决在合作操作过程中遇到的各种问题
任务完成时间		6 学时
任务完成环境		天然气管输实训室
任务工具		安全帽、手套、虚拟化工仿真系统、对讲机、工艺流程图、电池、螺丝刀、扳手
完成任务所需知识和能力		• 门站停车流程 • 阀门操作方法
任务要求		• 两个人配合完成城市门站正常停车的操作，并要求每个人都能胜任内操和外操的相关操作 • 能对操作过程中出现的问题进行分析并解决
任务重点	知识	• 门站停车流程
	技能	• 阀门的操作及故障处理
任务结果		（1）城市门站停车，所有设备停止和运行，阀门全部关闭，主要参数如下： ☆进站汇管 -2101A 压力 0MPa； ☆汇管 -2101B 压力 0MPa； ☆出站汇管 -2101C 压力 0MPa； ☆出站汇管 -2101C 出口流量 0m³/h； ☆旋风分离器液位 0； ☆重力分离器液位 0； ☆球罐 V-2102 压力 0MPa。 （2）末端调压柜停车，所有阀门全部关闭，主要参数如下： ☆各汇管压力 0MPa

知识链接

一、门站 / 管网停气类型

1. 事故停气

因泄漏、堵塞或附属设施故障等现象，需维修抢修导致的停气。应根据应急预案实施紧急停气作业。

2.计划停气

当计划检修或接驳作业需要停气时，应编制详细的停气作业方案，注明停气范围、停气时间及恢复供气时间，按程序逐级审批，审批后提前张贴停气通知给各用气用户，提醒用户做好停气应急准备，注意用气安全。

3.调峰停气

因气源供应不足时，为保证居民用户及特殊用户的正常用气，应按供气应急预案，确定停气范围、停气时间，经审批后，方可执行停气。

4.强制性停气

对用户恶意欠费或存在严重安全隐患拒不改正的情况，需对其进行停气时，应至少提前24h通知用户，当欠费结清或安全隐患排除后，方可恢复供气。

二、燃气管网停车（停气）作业适用范围

① 燃气管网系统计划检修时对用户的停气；
② 管道接驳作业时对用户的停气；
③ 突发事故、应急抢修时对用户临时的紧急停气；
④ 因气源不足，为保证重要用户正常用气时，选择对部分用户的停气；
⑤ 因安全或处罚强制性对用户的停气；
⑥ 用户申请的停气；
⑦ 其他非计划性的停气。

三、停气、降压、置换、动火的一般规定

城市燃气生产、储存、输配经营单位和管理部门必须制定停气、降压作业的管理制度，包括停气、降压的审批权限、申报程序以及恢复供气的措施等，并由指定技术部门负责。

① 燃气设施的停气、降压、动火及通气等运行作业应建立分级审批制度。

一级：涉及较大规模停气、降压、动火及通气作业，申报城市建设管理部门审批；

二级：城镇局部中低压管网及燃气设施的停气，报燃气企业法人审批；

三级：小区管网（庭院管网）局部停气、降压、动火及通气作业，报主管安全的负责人审批。

作业单位应编制作业方案和填写动火作业报告，并逐级申请，经审批后，严格按批准方案实施，紧急事故应在抢修完毕后补办手续。

② 燃气设施停气、降压、动火及通气等运行作业必须配置相应的通信设备、防护用具、消防器材、检测仪器等。

③ 燃气设施停气、降压、动火及通气等运行作业必须设专人负责，现场指挥，并应设安全员。参加作业的操作人员，应按规定穿戴防护用具。在作业中应对放散点进行监护。

④ 各作业坑边应根据情况需要采取有利于操作人员上下及避险的措施。

⑤ 停气、降压和置换通气作业方案必须含现场应急处置方案，并纳入日常应急培训和演练。

四、停气与降压规定

① 停气和降压作业时间宜避开用气高峰和恶劣天气。

② 除紧急事故外，影响用户用气的停气与降压作业，应提前至少24h通知用户，并做好宣传安全知识。涉及用户的停气、降压工程，不宜在夜间恢复供气。除紧急事故外，停气及恢复供气应当事先通知用户。

③ 停气作业时，应提前逐渐关闭阀门管段内燃气，尽量让用户消耗，减少放散能源损失，将作业管道或设备内的剩余燃气安全地排放或置换合格。

④ 停气和降压作业时，应采用自然扩散或防爆风机驱散在工作坑或作业区内聚集的燃气。

任务实施

一、任务准备

以小组为单位制定城市门站停车操作步骤。

二、任务实施步骤

正常停车操作步骤见表 1-1-4-1。

表 1-1-4-1　正常停车操作步骤

操作对象描述	操作对象位号
① 停加臭剂泵 P-2101，停止向天然气管网中加臭（装置关闭加臭剂泵前后阀门及回流阀门）	P-2101
② 关闭加臭剂泵进口阀门 XV-2125	XV-2125
③ 关闭阀门 XV-2126	XV-2126
④ 关闭阀门 XV-2127	XV-2127
⑤ 关闭阀门 XV-2129	XV-2129
⑥ 关闭进站阀门 XV-2102，系统压力降低	XV-2102
⑦ 关闭进站阀门 KIV-2101	KIV-2101
⑧ 当汇管 H-2101A 压力 PI-2102 降为 0 时，关闭旋风分离器 V-2101 进口阀门 XV-2106	PI-2102，V-2101
⑨ 关闭重力分离器 V-2101 出口流量前阀 XV-2107	XV-2107
⑩ 关闭重力分离器 V-2101 出口流量后阀 XV-2108	XV-2108
⑪ 关闭旋风分离器 V-2105 进口阀门 XV-2110	XV-2110
⑫ 关闭旋风分离器 V-2105 出口流量前阀 XV-2111	XV-2111
⑬ 关闭旋风分离器 V-2105 出口流量后阀 XV-2112	XV-2112
⑭ 关闭过滤器 G-2101A 进口阀门 XV-2114	XV-2114
⑮ 关闭过滤器 G-2101A 出口阀门 XV-2115	XV-2115
⑯ 关闭过滤器 G-2101B 进口阀门 XV-2116	XV-2116

操作对象描述	操作对象位号
⑰ 关闭过滤器 G-2101B 出口阀门 XV-2117	XV-2117
⑱ 关闭球罐 V-2102 底部阀门 KIV-2104	KIV-2104
⑲ 关闭球罐 V-2102 底部阀门 XV-2113	XV-2113
⑳ 关闭球罐 V-2102 出口阀门 XV-2144	XV-2144
㉑ 关闭球罐 V-2102 出口阀门 KIV-2105	KIV-2105
㉒ 关闭球罐 V-2102 出口阀门 XV-2118	XV-2118
㉓ 关闭球罐至汇管 H-2101C 阀门 XV-2119	XV-2119
㉔ 关闭汇管 H-2101C 出口流量前阀 XV-2120	XV-2120
㉕ 关闭汇管 H-2101C 出口流量后阀 XV-2121	XV-2121
㉖ 关闭出站阀门 KIV-2102	KIV-2102
① 关闭出站阀门 XV-2201	XV-2201
① 关闭阀门 XV-2204	XV-2204
① 关闭阀门 XV-2205	XV-2205
① 关闭阀门 XV-2208	XV-2208
① 关闭阀门 XV-2202	XV-2202
① 关闭阀门 XV-2203	XV-2203
① 全开旋风分离器 V-2101 排净阀门 XV-2109	XV-2109
① 当液位 LI-2101 降至 0 后，关闭排净阀门 XV-2109	XV-2109
① 全开旋风分离器 V-2105 排净阀门 XV-2141	XV-2141
① 当液位 LI-2102 降至 0 后，关闭排净阀门 XV-2141	XV-2141
① 全开球罐顶阀门 XV-2142	XV-2142
① 全开球罐顶阀门 XV-2143，将球罐内残余天然气放空	XV-2143
① 当球罐 V-2102 内压力降为 0 时，关闭罐顶阀门 XV-2142	XV-2142
① 关闭罐顶阀门 XV-2143	XV-2143
① 通知检修部门对过滤器进行检修	

任务学习成果

① 每位同学都能熟练掌握门站正常停车操作步骤;

② 能任意两人配合完成门站正常停车操作;

③ 每位同学都能独立胜任内操和外操岗位的操作。

任务测评标准

测评项目:城市门站正常停车。

测评标准:城市门站正常停车操作考核评分标准见表 1-1-4-2。

表 1-1-4-2　城市门站正常停车操作考核表

测评内容	分值	要求及评分标准	扣分	得分	测评记录
步骤汇报	10	以小组为单位汇报城市门站正常停车操作步骤,要求熟练掌握步骤,熟悉停车关阀顺序			
准备工作	15	检查和恢复所有阀门至正常运行状态,检查泵的状态,检查协调对讲机			
基本操作	50	按正确的操作步骤进行城市门站正常停车操作,以最终操作平台得分计			
文明作业	5	① 着装整齐,文明操作,遵守纪律 ② 操作过程配合默契,无吵闹现象 ③ 操作结束后将所使用工具摆放整齐,确保实训现场整洁			
特殊情况处理	10	对考核过程中出现的临时情况,比如阀门接触不好、阀门打不开等问题能进行正确的判断和处理			
时限	10	① 操作步骤汇报时间控制在 3min 内,每超出 10s 扣 1 分;超时 1min 停止汇报,不计成绩 ② 整个操作时间控制在 8min 内完成,每超出 10s 扣 1 分;超时 1min 停止操作,未完成步骤不计成绩			
合计					

任务拓展与巩固训练

查资料了解过滤器的检修方法。

笔记

项目二　　城市门站常见故障处理

项目导读

　　城市门站运营过程中，可能遇到的突发事故有：球罐着火以及过滤器堵塞。天然气场站属于易燃易爆场所，因此对其防火防爆措施有很多要求。天然气燃烧猛烈，扩散速度快，扑救起来极其不易，而且天然气场站阀室比较偏僻，消防队伍不可能及时赶到。因此，要求全体工作人员坚决贯彻"安全第一、预防为主"的方针，做好一切防护准备，并根据事故情况不同，认真分析、正确判断，从而采取相应的处理措施。

项目学习单

项目名称		城市门站常见故障处理	
项目学习目标	知识目标	• 掌握城市门站常见事故类型 • 掌握球罐着火事故处理原则 • 掌握过滤器堵塞事故处理原则	
	能力目标	• 能描述事故现象 • 能对球罐着火事故进行处理 • 能对过滤器堵塞事故进行处理	
	素质目标	• 锻炼团队协作能力 • 提高分析和处理问题以及解决生产事故的能力 • 形成责任意识和安全工作态度	
学时		12	任务学时
工作任务	任务1	球罐着火事故处理	6
	任务2	门站内过滤器堵塞事故处理	6

任务 1　球罐着火事故处理

任务说明

某城市门站利用球罐进行储气调峰，某天中午 12：10，中控室球罐底部可燃气体浓度探测仪报警，通过实时监控视频发现球罐底部有黑色烟体逸出，通知外操去现场查看，发现球罐底部有火苗，请采取适当措施对球罐着火事故进行处理。

任务学习单

任务名称		球罐着火事故处理
任务学习目标	知识目标	• 掌握球罐着火的常见原因
	能力目标	• 能对油罐着火事故进行分析处理
	素质目标	• 形成高度的责任感 • 保持认真工作和学习的态度
任务完成时间		6 学时
任务完成环境		天然气管输实训室
任务工具		安全帽、手套、虚拟化工仿真系统、对讲机、工艺流程图、电池、螺丝刀、扳手
完成任务所需知识和能力		• 常见球罐着火原因 • 冷却水喷淋系统的结构和作用 • 球罐着火事故案例
任务要求		• 两个人配合完成球罐着火事故处理操作，并要求每个人都能胜任内操和外操的相关操作 • 能对操作过程中出现的问题进行分析并解决
任务重点	知识	• 冷却水喷淋系统
	技能	• 冷却水喷淋系统的使用
任务结果		球罐从流程中切出，冷却水喷淋系统启动灭火，城市门站其余流程运行正常

知识链接

门站消防工作标准

① 门站设安全处为办事机构，在主管部门的领导下，负责公司的防火安全管理工作。

② 班长、门站安全员负责班组和门站的防火管理工作。

③ 门站及各区域调压站必须严格执行严禁烟火的规定。

④ 定期对职工进行消防安全培训和教育，定期演练，要求能达到扑救初期火灾的水平。

⑤ 门站的消防宣传教育要求每个工作人员都能达到"三懂"和"三会"，即懂本岗位生产过程中的火灾危险性、懂预防火灾的措施、懂扑救火灾的方法；会报警、会使用消防器

材、会扑救初期火灾。

　　⑥ 门站的安全设施及器材的管理，要落实到岗位和个人，并纳入经济责任制的考核。

　　⑦ 门站的消防器械和消防设备不准随意动用，对私自动用或损坏消防设备者要根据情节给予经济处罚，把消防器材的管理纳入每月考评检查。

　　⑧ 门站的消防器材要求摆放整齐，便于拿放，对号入座，卫生清洁，完好率达到100%。

　　⑨ 门站内要保证消防通道畅通无阻，不得在通道处堆放杂物。

　　⑩ 定期召开消防工作会议，确定落实重点部位隐患缺陷整改和消防措施。

　　⑪ 因火警动用消防器械后，应及时通知相关部门换药，保证消防器械的完好状态。

　　⑫ 每季度进行一次消防安全大检查。

任务实施

一、任务准备

　　根据事故停车原则制定球罐着火事故处理操作步骤。

二、任务实施步骤

　　球罐着火事故处理步骤见表1-2-1-1。

表1-2-1-1　球罐着火事故处理步骤

操作对象描述	操作对象位号
① 关闭 KIV-2104	KIV-2104
② 关闭 KIV-2105	KIV-2105
③ 开启球罐喷淋自动阀 KIV-2103，给着火的球罐降温	KIV-2103
④ 通知消防部门对球罐进行灭火	
⑤ 停加臭剂泵 P-2101，停止向天然气内加臭	P-2101

任务学习成果

　　① 球罐支路工艺流程图一张；

　　② 每位同学都能熟练掌握球罐着火事故处理操作步骤；

　　③ 能任意两人配合完成球罐着火事故处理操作；

　　④ 每位同学都能独立胜任内操和外操岗位的操作。

任务测评标准

　　测评项目：球罐着火事故处理。

　　测评标准：球罐着火事故处理操作考核评分标准见表1-2-1-2。

表 1-2-1-2　球罐着火事故处理操作考核表

测评内容	分值	要求及评分标准	扣分	得分	测评记录
步骤汇报	10	以小组为单位汇报球罐着火事故处理操作步骤，要求熟练掌握步骤，能准确快速找出教师任意指出的阀门位置			
准备工作	10	检查和恢复所有阀门至该任务的初始状态，检查泵的初始状态，检查协调对讲机			
基本操作	50	按正确的操作步骤进行球罐着火事故处理操作，以最终操作平台得分计			
文明作业	10	① 着装整齐，文明操作，遵守纪律 ② 操作过程配合默契，无吵闹现象 ③ 操作结束后将所使用工具摆放整齐，确保实训现场整洁			
特殊情况处理	10	对考核过程中出现的临时情况，比如阀门接触不好、阀门打不开等问题能进行正确的判断和处理			
时限	10	① 操作步骤汇报时间控制在 3min 内，每超出 10s 扣 1 分；超时 30s 停止汇报，不计成绩 ② 整个操作时间控制在 3min 内完成，每超出 10s 扣 1 分；超时 30s 停止操作，未完成步骤不计成绩			
合计					

任务拓展与巩固训练

查资料了解一下球罐冷却水喷淋系统的作用和结构。

笔记

任务 2　门站内过滤器堵塞事故处理

任务说明

某城市门站运行一段时间后，发现燃气经过滤器 G-2101A 后压降过大，判断该过滤器堵塞，请采取适当措施对过滤器堵塞事故进行处理。

任务学习单

任务名称		门站内过滤器堵塞事故处理
任务学习目标	知识目标	• 了解过滤器作用和分类 • 掌握过滤器的结构组成 • 掌握过滤器清洗方法
	能力目标	• 能正确拆卸和安装过滤器 • 会清洗过滤器
	素质目标	• 养成认真细心的工作态度 • 能根据运行参数的变化正确分析和判断生产问题的能力
任务完成时间		6 学时
任务完成环境		天然气管输实训室
任务工具		安全帽、手套、虚拟化工仿真系统、对讲机、工艺流程图、电池、螺丝刀、扳手
完成任务所需知识和能力		• 门站工艺流程 • 过滤器堵塞的判断方法 • 过滤器的结构 • 过滤器的拆装
任务要求		• 两个人配合完成门站内过滤器堵塞事故处理操作，并要求每个人都能胜任内操和外操的相关操作 • 能对操作过程中出现的问题进行分析并解决
任务重点	知识	• 过滤器的结构
	技能	• 过滤器的拆装
任务结果		过滤器 G-2101A 从流程中切出进行清洗，清洗结束后安装，恢复流程至正常运行状态

知识链接

一、过滤器的排污及更换滤芯操作

1. 作业前准备工作

① 熟悉过滤器排污操作工艺流程。

② 熟悉掌握过滤器的性能、原理及作用；检查过滤器的进出口阀及排污阀应转动自如。观察过滤器压差表读数，当压差达到 5kPa 时，应对过滤器进行排污；当压差达到 30kPa 时，应清洗或更换滤芯。

③ 日常巡检应注意过滤器压差表读数，及时做好记录工作。定期检查及排污，防止污

物存积过多进入燃气管线。

2. 排污或更换滤芯

（1）排污

① 过滤器排污时须关闭其进出口阀，缓慢开启排污阀。

② 当排污管内气体流动声音发生变化时，关闭排污阀门，排污结束。

③ 过滤器应定时排污，做好相应排污记录。

④ 排污时应平稳缓慢，以保证管线压力稳定，避免阀门损坏。

（2）更换滤芯

① 清洗或更换滤芯前应开启备用管线，确保正常供气。

② 按照过滤器排污步骤对过滤器排污，观察压力表指示情况，当压力显示为零时，依次打开管线放空阀对工艺管线放空，确保过滤器内没有剩余压力。

③ 使用便携式可燃气体检测仪进行气体检测，确保无天然气浓度后，使用防爆工具拆卸过滤器，在非生产区域内进行清洗。

④ 清洗后，按照拆卸的逆顺序依次安装并更换过滤器密封圈。

⑤ 通气前，关闭压差表两端的进出气阀及步骤②操作中的放空阀门，开启过滤器进出口阀。

⑥ 用检漏仪或泡沫水进行检漏，同时观察压力表指示情况，气压稳定后，开启压差表的进出气阀。

（3）注意事项

① 过滤器排污操作，选择在停气状态下进行，将排污压力控制在 0.3MPa 以下。

② 过滤器更换滤芯操作按管线打开作业，应制定更换方案，办理特种作业票、管线打开作业票，开展工艺操作前安全分析，保证安全作业。

③ 更换滤芯步骤 ② 操作后要确保过滤器内没有剩余压力。

④ 更换滤芯的同时，对过滤器密封圈等配件进行清理。

任务实施

一、任务准备

① 根据生产参数的变化判断事故类型。

② 制定事故处理方案。

二、任务实施步骤

门站内过滤器堵塞事故处理见表 1-2-2-1。

表 1-2-2-1　门站内过滤器堵塞事故处理

操作对象描述	操作对象位号
① 关闭手阀 XV-2114	XV-2114
② 关闭手阀 XV-2115	XV-2115
③ 通知维修人员进行维修	

操作对象描述	操作对象位号
④ 打开过滤器上盲板，将滤芯取出，清洗滤芯	
⑤ 将滤芯重新安装，并安装上过滤器盲板	
⑥ 通知内操人员维修完毕	
⑦ 打开手阀 XV-2114	XV-2114
⑧ 打开手阀 XV-2115	XV-2115

任务学习成果

① 事故判断说明；
② 事故处理方案；
③ 任意两人配合完成门站内过滤器堵塞事故处理操作；
④ 每位同学都独立进行至少一遍内操和外操岗位的操作。

任务测评标准

测评项目：门站内过滤器堵塞事故处理。

测评标准：门站内过滤器堵塞事故处理操作考核评分标准见表 1-2-2-2。

表 1-2-2-2　门站内过滤器堵塞事故处理操作考核表

测评内容	分值	要求及评分标准	扣分	得分	测评记录
事故判断	20	能根据流程中生产参数的变化进行事故判断，判断依据合理，事故说明详略得当			
方案制定	20	根据事故判断、制定事故处理方案，方案应包括事故类型、事故原因、处理方法、处理步骤			
平台操作	30	① 检查和恢复所有阀门至该任务的初始状态，检查泵的初始状态，检查协调对讲机 ② 根据制定的方案，按正确的操作步骤进行门站内过滤器堵塞事故处理操作，以最终操作平台得分计			
文明作业	10	① 着装整齐，文明操作，遵守纪律 ② 操作过程配合默契，无吵闹现象 ③ 操作结束后将所使用工具摆放整齐，确保实训现场整洁			
特殊情况处理	10	对考核过程中出现的临时情况，比如阀门接触不好、阀门打不开等问题能进行正确的判断和处理			
时限	10	① 操作步骤汇报时间控制在 3min 内，每超出 10s 扣 1 分；超时 30s 停止汇报，不计成绩 ② 整个操作时间控制在 3min 内完成，每超出 10s 扣 1 分；超时 30s 停止操作，未完成步骤不计成绩			
合计					

任务拓展与巩固训练

总结流程中所有过滤器的位置、类型和作用。

笔记

项目三　　　　　　　输气管道清管作业

项目导读

　　某公司燃气长输管线自投产以来，已安全运行一年半时间，所输送天然气为其所在市地方经济的快速发展做出了贡献，但同时由于投产后未组织清管，管道内可能存在施工期间的液体或固体杂质，影响输气效率，另外，由于上游天然气含水量大，水露点高，进入管道后，可能析出一定量游离水，进一步造成输气能力降低，为确保管道安全运行，提高管道输送效率，该公司决定组织开展一次清管作业。

　　本次清管的目的为：清除管道内施工期间可能残留的液态水、泥沙、施工垃圾等杂物以及天然气中凝析出的液态水，消除管道异常压差，提高输气效率，保证生产任务的完成。

M1-12　清管作业

项目学习单

项目名称		输气管道清管作业	
项目学习目标	知识目标	●了解管道清管的类型和各自特点 ●了解清管工艺系统的作用 ●掌握长输管道正常输气流程和收发球流程 ●掌握清管器发球筒和收球筒的结构及各部分的作用	
	能力目标	●能独立进行快开盲板的打开和关闭操作 ●能独立完成清管器的发送操作 ●能独立完成清管器的接收操作 ●能够进行收球筒的排污工作	
	素质目标	●锻炼团队协作能力 ●锻炼沟通与表达能力 ●形成责任意识和安全工作态度	
学时		18	任务学时
工作任务	任务1	快开盲板的操作	6
	任务2	清管器的发送作业	6
	任务3	清管器的回收作业	6

任务 1　快开盲板操作

任务说明

　　清管器收发球筒主要由筒体、法兰、快开盲板、清管指示器等组成。收发球筒材质和承压能力必须满足设计和介质要求。可选用卡箍式、锁环式、插扣式等几种类型的快开盲板。我们的实训装置上的快开盲板采用卡箍式结构，具有结构合理、承压能力高、密封性能好、启闭迅速、操作方便、开启可二次泄压、安全可靠等优点。清管器的收球筒和发球筒都具有快开盲板的结构，是清管器放入和取出收发球筒的通道。快开盲板操作不当不但会造成盲板结构的破坏，更重要的是可能会出现高压气体冲出造成盲板伤人的事故。请在进行收发球操作前，先掌握快开盲板的正确操作。

任务学习单

任务名称		快开盲板操作
任务学习目标	知识目标	●掌握收发球筒快开盲板的作用和结构
	能力目标	●能正确打开和关闭收发球筒的快开盲板
	素质目标	●形成严格遵守操作规程的工作习惯
任务完成时间		6 学时
任务完成环境		天然气管输实训室
任务工具		抹布、棉纱、电池、手套、安全帽、螺丝刀、呆扳手、活扳手、套筒扳手
完成任务所需知识和能力		●清管器的分类及结构 ●快开盲板的结构 ●快开盲板操作方法 ●安全放散阀及球阀的结构原理
任务要求		能正确打开和关闭快开盲板，尤其要注意操作站位和操作步骤顺序，若站位错误会产生人身伤害，顺序错误会造成盲板损坏
任务重点	知识	●快开盲板的结构 ●安全阀和安全放散阀的结构和工作原理 ●盲板操作注意事项
	技能	●盲板操作顺序 ●盲板操作站位
任务结果		打开和关闭快开盲板，工具使用正确，操作顺序正确，站位正确，盲板结构无损坏

知识链接

一、装置介绍

　　清管器收发球筒是清管扫线设备的重要组成部分，它安装在管线两端用于发射及接收清管器。图 1-3-1-1 所示为清管系统工艺流程。

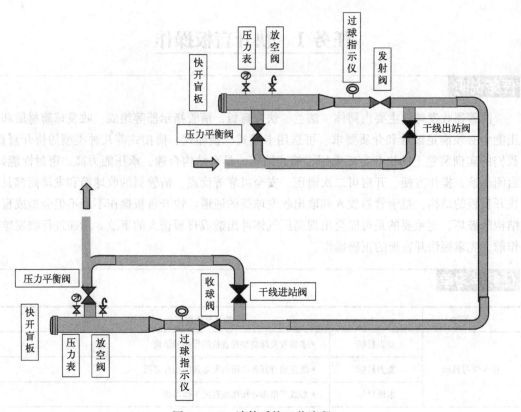

图 1-3-1-1　清管系统工艺流程

M1-13　球阀

M1-14　安全阀

M1-15　压力表

收发球筒采用卧式平放，收发球**球阀**的直径应等于被清扫管线的内径。清管器收发球装置的结构类似，都是两路管道组成，其中一路直径较大的、带异径管的是清管器的发球筒和收球筒，另一路直径较小的是收发球筒的旁路。收发球筒的尽头端安装快开盲板，靠近收发球筒快开盲板一端上部应设放空阀、安全阀及压力表，下部设排污阀，侧面设进出油气阀，以便从干管中取介质作为驱动清管器的动力及输出介质。

清管器收发装置主要由快开盲板、主筒体、变径管、接管、鞍座等组成。与清管器收发装置相连接的附件有：压力表、排污阀、过球指示器、**安全阀**、放空阀等。

（1）快开盲板：放入和取出清管器的通道口。

（2）**压力表**：通过压力表指示数的变化情况可以判断发球筒内清管器的发送是否正常。

（3）安全放空阀：如图 1-3-1-2 所示，装置上的安全放空阀是分两路从收发球筒上接出的，其中一路是带手轮的，称为放空阀，它的作用是排放收发球筒内的气体，降低管道内的压力（主要在打开快开盲板前操作，将收发球筒内的压力泄为零，防止带压伤人）；另一路是不带手轮的，称为安全阀，它是一个自动阀，作用是当收发球筒内的压力超高，超过设定压力时，安全阀自动打开，排放气体，降低收发球筒压力，保障收发球的安全。

（4）过球指示仪：用于指示清管器的通过。

（5）排污阀：排出清管作业中清扫出来的杂质。

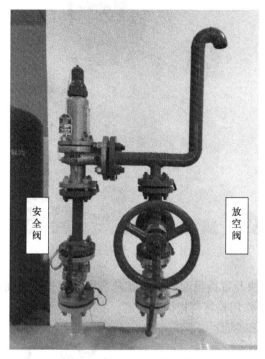

图 1-3-1-2　安全放空阀

二、快开盲板的结构

本装置的快开盲板是卡箍式结构，卡箍式盲板是用于压力管道或压力容器的圆形开口上并能实现快速开启和关闭的一种机械装置。

如图 1-3-1-3 所示，卡箍式盲板外部锁环为三瓣锁紧（咬合面积大于 90%），锁紧时能同时动作、受力均匀，减少了开启丝杆长度，使开关变得更加灵活可靠，同时增大咬齿受力面积，因此可用于高压大口径天然气管线。盲板主要承压部件采用锻钢整体加工而成，无焊接件。具有以下优点：

① 具有安全自锁功能（盲板自锁、防振、防松动、开启时可二次卸压），不但防止了盲板在锁紧的过程中松动，而且也防止了在带压的情况打开盲板的危险情况发生。

② 盲板开启、关闭由丝杠传动完成，在上述过程中密封圈与密封面之间无相对移动，密封圈不宜损坏，提供了可靠的密封系统。

③ 卡箍式盲板外部锁环为三瓣锁紧，开关时，其三瓣锁环同时动作，受力均匀，缩短了开启丝杠长度。使开关变得更加灵活可靠。

④ 卡箍式盲板的有效咬合面积占结合面积的 90% 以上，而且主要承压部件没有焊口。

⑤ 主要受压组件采用 16Mn Ⅲ 锻件整体加工而成，没有焊口。

⑥ 盲板座内径与筒体内径相同。

下面介绍一下快开盲板的结构及各部分的作用。快开盲板由盲板、卡箍、丝杠、安全卡板和放气阀等部分组成。

图 1-3-1-3　快开盲板

　　如图 1-3-1-4 所示，快开盲板里面的一圈就是它的盲板盖，外面的一圈称为卡箍，卡箍是由三瓣结构组成的，其作用是将盲板锁紧固定。

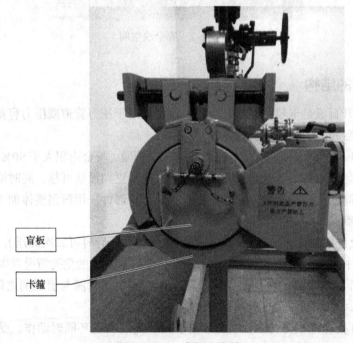

图 1-3-1-4　盲板和卡箍

　　图 1-3-1-5 所示为丝杠，通过丝杠的旋转，可以使卡箍的上面两瓣分离，从而将盲板打开。

　　在盲板和卡箍上还有一个安全锁紧装置称为安全卡板，安全卡板上有一个放气阀，如图 1-3-1-6 所示。放气阀为打开盲板提供了第二道安全保护。比如，由于误操作，在打开盲板之前没有进行气体的放空泄压，那么打开盲板时，要先将放气阀拧下，在放气阀拧下的过程中就会有少量的气体喷出，这部分喷出的气体流量较小，不会对人造成伤害，并且放气阀由安全锁链锁住，也不会被气体吹飞。

图 1-3-1-5　丝杠

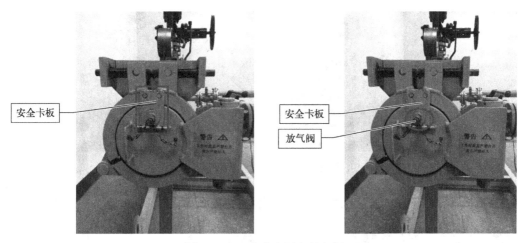

图 1-3-1-6　安全卡板和放气阀

任务实施

一、任务准备

工具：活扳手 1 个、呆扳手 1 个、套筒扳手 2 个。

安全防护：手套、安全帽、实训服穿戴整齐。

工艺准备：打开收发球筒上的放空阀，使收发球筒泄压，保证操作快开盲板时的安全。

二、任务实施步骤

1. 快开盲板的打开

在打开快开盲板时，应该从内向外依次打开。

注意事项：打开盲板前，发球筒的放空阀应处于打开状态，操作人员站在盲板侧面，防止发球筒泄压不彻底，盲板伤人。

① 缓慢旋下盲板上的放气阀，使容器内压完全释放（图 1-3-1-7）。

图 1-3-1-7　打开盲板第一步

② 放下锁住卡箍的安全卡板（图 1-3-1-8）。

图 1-3-1-8　打开盲板第二步

③ 用扳手转动丝杠，卡箍随之松开，直到使盲板能顺利打开为止（图 1-3-1-9）。

图 1-3-1-9　打开盲板第三步

注意事项：在进行打开盲板操作前一定先泄压，检查收发球筒内压力为 0 后方可进行操作，否则，筒内带压，打开盲板时会对工作人员产生人身伤害。

2. 快开盲板的关闭

在关闭快开盲板时要按照与打开盲板相反的顺序进行操作。

注意事项：

① 在关闭盲板时，锁紧卡箍后一定要确保安全联锁装置就位，防止误操作而造成伤害；

② 定期给丝杆、轴承等转动部位加润滑油脂，防止因生锈而影响盲板的开闭。

任务学习成果

能两人合作进行快开盲板的打开和关闭操作。

任务测评标准

测评项目：快开盲板的操作。

测评标准：快开盲板的操作考核评分标准见表 1-3-1-1。

表 1-3-1-1　快开盲板的操作考核表

测评内容	分值	要求及评分标准	扣分	得分	测评记录
准备工作	10	① 工具、用具准备正确 ② 安全防护穿戴规范 ③ 熟悉操作步骤 ④ 进行泄压操作			
盲板的打开	30	① 工具使用正确 ② 操作站位正确 ③ 操作步骤正确 ④ 两人团队配合默契			
盲板的关闭	30	① 工具使用正确 ② 操作站位正确 ③ 操作步骤正确 ④ 两人团队配合默契			
安全文明操作	15	有不安全的操作步骤、有被考评员阻止的操作视为违章操作 工具、用具清洁回收			
时限	15	盲板的打开和关闭操作 8min 内完成，每超过 1min 扣 5 分，超过 3min 停止操作，未完成步骤不得分			
合计					

任务拓展与巩固训练

思考题：为什么在对快开盲板进行操作前，必须先打开放散阀？如果在操作快开盲板前没有打开放散阀，会出现什么情况？

任务2 清管器的发送作业

为配合完成长输管线的清管作业，请各位同学每六人一组组成发球组，制定发球作业方案，完成清管器的发送作业。

任务学习单

任务名称		清管器的发送作业
任务学习目标	知识目标	• 了解清管工艺系统的作用 • 掌握正常输气流程和发球流程 • 掌握正常输气流程和发球流程的切换原则
	能力目标	• 能以发球组为单位完成清管器的发送操作
	素质目标	• 树立高度的责任感，包括学习、生活和工作的责任感 • 锻炼团队协作能力 • 锻炼沟通与表达能力
任务完成时间		6学时
任务完成环境		天然气管输实训室
任务工具		手套、抹布、安全帽、虚拟化工仿真系统、呆扳手、棉纱、黄油、验漏瓶、油盆、记录本、记录笔、活动扳手、钢钳、平口螺丝刀、钢卷尺、游标卡尺、密封圈、清管器、电池、计算器、过球指示仪、对讲机
完成任务所需知识和能力		• 正常输气流程 • 清管器发送流程 • 正常输气流程和发球流程间的切换 • 安全放散阀及球阀的结构原理 • 阀门的操作和故障处理
任务要求		能正确切换正常输气流程和清管器的发送流程，保证下游不断气，能顺利将清管器发出
任务重点	知识	• 正常输气流程和发球流程
	技能	• 正常输气流程和发球流程间的切换 • 清管器发送操作
任务结果		将清管器从发球筒发出，在操作过程中要保持输气的不中断

知识链接

一、清管器

清管器是由气体、液体或管道输送介质推动，用以清理管道的专用工具。它可以携带无线电发射装置与地面跟踪仪器共同构成电子跟踪系统。

清管设备是管道在施工和运行过程中需要用到的设备之一，其作用包括提高管道效率；测量和检查管道周向变形，如凹凸变形；从内部检查管道金属的所有损伤，如腐蚀等；对新建管道在进行严密性实验后，清除积液和杂质。

总的来说，清管器的作用主要有三个：

① 清扫管线。它可以将管线中沉积下来的由气体、液体携带的泥沙等杂质以及由于管壁腐蚀积累的铁锈清除。

② 检测管线变形，检验管线施工质量。清管器上可以安装检测系统，检测管线的变形和管线施工质量。

③ 管线排水、排油等。可以将燃气或油品中沉积下来的污水和污油排除。

目前我们现场用到的清管器主要有以下四种：橡胶清管球、皮碗清管球、泡沫清管器和智能清管器。

（1）橡胶清管球　橡胶清管球（图1-3-2-1）有两种规格，一种是实心的橡胶清管球，另一种是空心的内部注水橡胶清管球，橡胶清管球的优点在于弹性比较大，能够顺利通过管道发生变形的地方，而缺点在于是球形结构，导致其与管壁的密封面相对较小，在通过支管三通时容易漏气而停滞。

图1-3-2-1　橡胶清管球

图1-3-2-2　皮碗清管器

（2）皮碗清管器　皮碗清管器（图1-3-2-2）主要用于输油管道中清除管内壁的结蜡层。

（3）泡沫清管器　后文实训过程中采用的就是这种泡沫清管器（图1-3-2-3），它是一种非常经济的清管器，并且运行过程中不会对管道内壁造成损伤，但相对来说其清管效果较差。

图 1-3-2-3　泡沫清管器

（4）智能清管器　智能清管器（图 1-3-2-4）安装了检测装置，随着清管器在管道中的输送，它可以检测所到地方的管线有没有裂纹或变形。

图 1-3-2-4　智能清管器

二、工艺流程

1.清管工艺系统介绍

如图 1-3-2-5 所示，清管器的发送装置和接收装置分别设置在长输管线的首站和末站。它由收发球筒、工艺管线、阀门等组成。

清管器由首站的发球筒发出，在气体压力推动下沿着输气管线向下游输送，在移动过程中将管内以及管壁上的杂质推走，最后到达末站，由清管器的接收筒接收，排污后，可将清管器取出。

清管器的发送站和接收站之间一般相距几百公里以上，中间由长输管线连接，长输管线每隔一定距离设置监听设备，可以监听清管器有没有顺利通过。长输管线的清管作业包括清管器的发送和接收两部分。

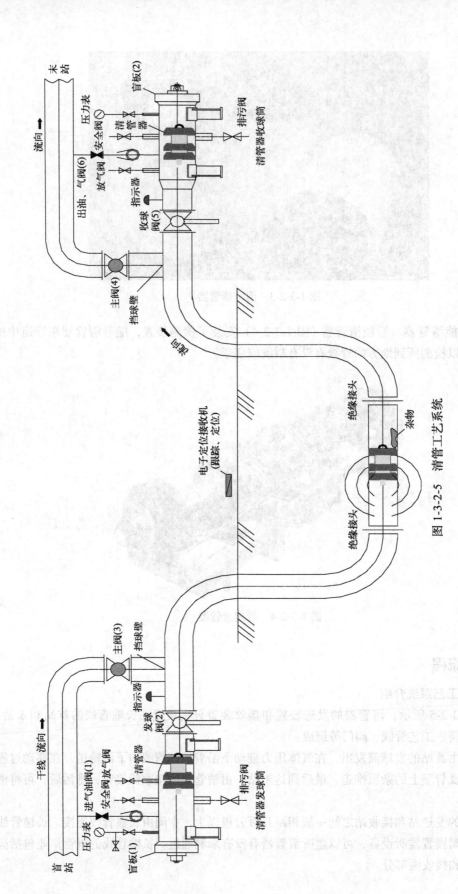

图 1-3-2-5 清管工艺系统

2. 发球装置介绍

发球装置（图 1-3-2-6）主要包括一粗一细两条管线，粗的是清管器的发球筒，细的是发球筒的旁路管线。不进行发球作业时，燃气是从旁路管线向下游输送的。发球作业时，清管器放入发球筒中，由发球筒中的燃气推送向下游发出。

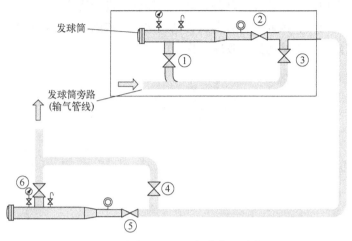

M1-16 清管器
发射接收阀的用
途及原理

图 1-3-2-6　发球装置示意

①—首站压力平衡阀；②—**发球阀**；③—首站出站阀；④—末站进站阀；⑤—收球阀；⑥—末站压力平衡阀

3. 正常输气流程

如图 1-3-2-7 所示，正常输气时，燃气由气源进入首站发球筒的旁路管线，经首站出站阀 ③ 向下游输送，到达末站后，经末站进站阀 ④ 进入末站收球筒的旁路管线向下游输送。正常输气流程中，燃气不进入发球筒和收球筒。

正常输气流程阀门的开关状态如下：

首站出站阀 ③、末站进站阀 ④ 打开；首站压力平衡阀 ①、发球阀 ②、收球阀 ⑤、末站压力平衡阀 ⑥ 关闭。

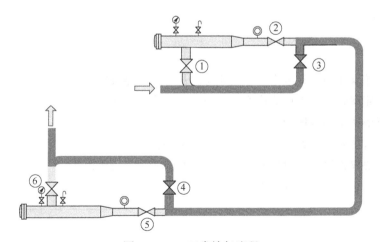

图 1-3-2-7　正常输气流程

①—首站压力平衡阀；②—发球阀；③—首站出站阀；④—末站进站阀；⑤—收球阀；⑥—末站压力平衡阀

4. 发球流程

清管器发送的过程实际上就是正常输气流程与发球流程之间的切换。在进行流程切换时要注意阀门的操作顺序，保证在发球过程中下游的供气不会被中断。

如图 1-3-2-8 所示，进行清管器发送作业时，燃气由上游经首站压力平衡阀①进入清管器发球筒，推送发球筒中的清管器经发球阀②进入长输管线进行清管作业。由于清管器到达末站收球筒需要一定的时间，因此，清管器从首站发送时，末站的流程还是维持正常输气流程，等清管器到达末站后，末站切换为收球流程。

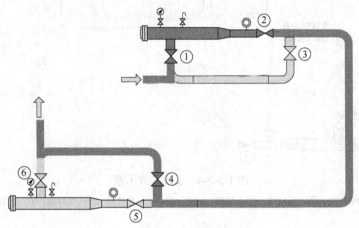

图 1-3-2-8　发球流程

①—首站压力平衡阀；②—发球阀；③—首站出站阀；④—末站进站阀；⑤—末站收球阀；⑥—末站压力平衡阀

发球流程阀门的开关状态如下：

首站压力平衡阀①、发球阀②、末站进站阀④ 打开；首站出站阀③、末站收球阀⑤、末站压力平衡阀⑥ 关闭。

三、发球组设置

组长：

成员：

职责：

① 负责发球操作前的安全检查、发球筒以及工具、器具的检查。

② 负责按照清管方案进行清管器的发送操作、流程切换。

③ 向运行协调组和现场指挥组汇报作业情况。

④ 负责清管器发送前参数测量、拍照和记录保存。

⑤ 负责解决操作过程中出现的问题，并及时向清管指挥组汇报。

⑥ 负责快开盲板的操作和维护。

任务实施

一、任务准备

① 工具：棉纱、黄油、验漏瓶、油盆、记录本、记录笔、活动扳手、管钳、平口螺丝

刀、钢卷尺、游标卡尺、密封圈、清管器、电池、计算器、过球指示仪、对讲机。

② 确认发球筒、仪表、阀、放空设施、防松楔块正常完好。

③ 清管器测直径，需要装入电池的清管器将电池装好，并进行外观检查。

④ 关闭发球筒放空阀，打开发球筒进气阀充压、验漏，合格后打开放空阀放空。

二、任务实施步骤

1. 放入清管器

M1-17发球
操作卡

（1）泄压　打开发球筒上的安全放散阀⑦，将清管器发球筒压力卸为零（图 1-3-2-9）。

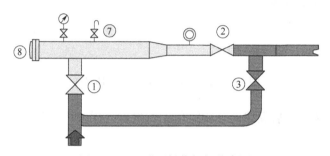

图 1-3-2-9　泄压操作阀门状态图

（2）放球　打开发球筒快开盲板，将清管器送入发球筒，推至大小头处塞紧（图 1-3-2-10）。

注意：打开盲板前，放空阀应处于打开状态，操作人员站在盲板侧面，防止发球筒卸压不彻底，盲板伤人。

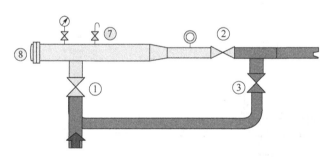

图 1-3-2-10　放球操作阀门状态图

（3）关阀　关闭快开盲板，锁闭牢靠，关闭发球筒的放空阀（图 1-3-2-11）。

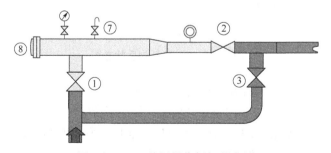

图 1-3-2-11　关闭操作阀门状态图

2. 发送清管器

流程切换 1：输气→清管，阀门要先开后关，保证下游输气不中断（图 1-3-2-12）。

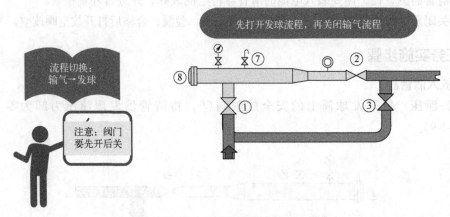

图 1-3-2-12　发送清管器流程切换 1

（1）开两阀　缓慢开启发球筒平衡阀①，待发球筒压力平衡后，全开发球筒上的发射阀②（图 1-3-2-13）。

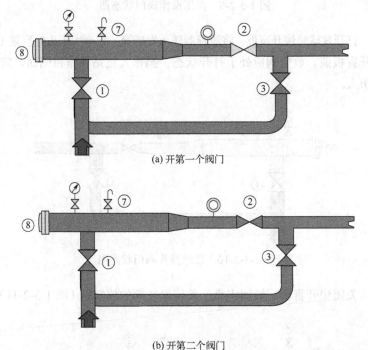

(a) 开第一个阀门

(b) 开第二个阀门

图 1-3-2-13　开两阀后状态图

（2）关一阀　关闭干线出站阀门③（图 1-3-2-14）。

流程切换 2：清管→输气，阀门要先开后关，保证下游输气不中断（图 1-3-2-15）。

（3）开一阀　当通球指示仪显示球已发出后，全开干线出站阀门③（图 1-3-2-16）。

（4）关两阀　关闭发球筒进气平衡阀①，关闭发射阀②（图 1-3-2-17）。

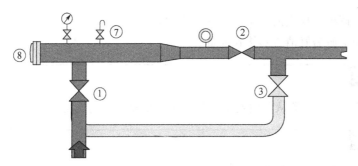

图 1-3-2-14　关一阀操作阀门状态图

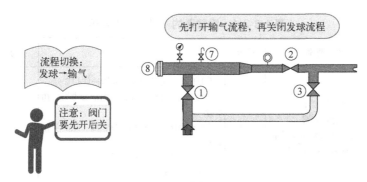

图 1-3-2-15　发送清管器流程切换 2

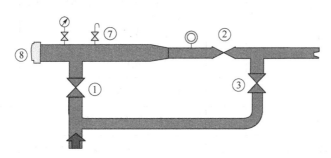

图 1-3-2-16　开一阀操作阀门状态图

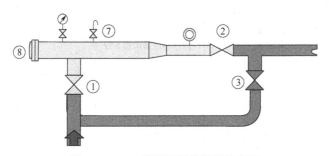

图 1-3-2-17　关两阀操作阀门状态图

3.清管器发送后收尾工作

① 开发球筒放空阀，卸掉发球筒内压力。

② 打开快开盲板，检查清管器是否发送成功。

③ 电话通知下游做好清管器接收准备。

任务学习成果

过球指示仪显示清管器从首站发出，首站流程恢复正常输气流程。

任务测评标准

测评项目：清管器的发送作业。

测评标准：清管器的发送作业考核评分标准见表 1-3-2-1。

表 1-3-2-1　清管器的发送作业考核表

考核内容	评分要素	配分	评分标准	扣分	得分	测评记录
准备工作	① 准备工具、用具 ② 熟悉清管方案 ③ 检查清管器，检查通信 ④ 记录清管器相关数据	10	① 工具、用具少准备或错一件扣 2 分 ② 未口述具有审批合格的清管方案，扣 5 分 ③ 未检查清管器扣 5 分，漏、缺一项扣 2 分 ④ 未记录清管器相关数据扣 5 分，漏、缺一项扣 2 分			
清管器装入发球阀	① 检查登记表及阀件 ② 关闭上游阀、下游阀，放空泄压 ③ 关清管阀 ④ 开盲板，装清管器	20	① 未检查阀门开关情况扣 5 分 ② 未关闭上游阀、下游阀扣 5 分，未放空泄压扣 10 分 ③ 未上安全销扣 5 分 ④ 操作时人正对盲板扣 10 分 ⑤ 操作程序错扣 5 分			
清管器发送	关放空阀	5	未关放空阀扣 5 分			
	开下游阀、上游阀	5	开上游阀、下游阀顺序错扣 5 分			
	开发球阀，关进气阀	10	未开发球阀扣 10 分，未关进气阀扣 5 分			
	确定清管器已进入下游管线，开下游进气阀	10	球未过三通开进气阀扣 10 分			
检查清管器是否发出	关闭上游阀、下游阀，开放空阀泄压，关发球阀，开盲板	5	操作顺序错误扣 5 分			
	检查发送筒内清管器是否发出，关盲板，装安全销	10	未确认清管器已发出扣 10 分			
	调节进气压力，控制球速	10	未控制进气压力扣 10 分			
	计算运行时间	5	未计算运行时间扣 5 分			
汇报工作	① 向生产调度汇报 ② 与接收方联系	5	① 场地、设备未清扫扣 2 分 ② 未与接收方联系扣 3 分			

考核内容	评分要素	配分	评分标准	扣分	得分	测评记录
清洁工作及资料记录	① 工具、用具回收 ② 做好相关记录	5	① 工具、用具未清洁回收扣 1 分 ② 记录错、漏一项扣 1 分			
安全文明操作	① 安全防护 ② 安全操作		① 安全防护用品少穿戴一件扣 1 分，不穿戴安全防护扣 5 分 ② 有不安全的操作步骤、有被考评员阻止的操作视为违章操作，在总分扣 40 ~ 100 分			
考核时限	在规定时间内完成		要求在 15min 内完成，每超过 1min 扣 5 分，超过 5min 停止操作，未完成步骤不得分			

任务拓展与巩固训练

根据实训内容，查阅资料，完成以下两个拓展任务。

1. 制定发球作业工作记录模板。

2. 在推球压差不增加、清管器的计算运行距离远大于其实际运行距离时，可视为清管器漏气。请提出两种清管器漏气的解决方法。

笔记

任务3 清管器的回收作业

任务说明

为配合完成长输管线的清管作业，请各位同学每六人一组组成收球组，制定收球作业方案，完成清管器的回收作业。

任务学习单

任务名称		清管器的回收作业
任务学习目标	知识目标	● 掌握正常输气流程和收球流程 ● 掌握正常输气流程和收球流程的切换原则 ● 收球筒排污的相关知识
	能力目标	● 能根据工艺流程熟练制定冷态开车的步骤 ● 能正确进行冷态开车操作
	素质目标	● 形成团队合作意识 ● 能解决在合作操作过程中遇到的各种问题
任务完成时间		6学时
任务完成环境		天然气管输实训室
任务工具		手套、抹布、安全帽、虚拟化工仿真系统、呆扳手、棉纱、黄油、验漏瓶、油盆、记录本、记录笔、活动扳手、管钳、平口螺丝刀、钢卷尺、游标卡尺、密封圈、清管器、电池、计算器、过球指示仪、对讲机
完成任务所需知识和能力		● 正常输气流程 ● 清管器回收流程 ● 正常输气流程和收球流程间的切换 ● 安全放散阀及球阀的结构原理 ● 阀门的操作和故障处理
任务要求		能正确切换正常输气流程和清管器的收球流程，保证下游不断气，能顺利将清管器收回并排污
任务重点	知识	● 正常输气流程和收球流程
	技能	● 正常输气流程和收球流程间的切换 ● 清管器的收球操作 ● 排污操作
任务结果		将清管器从收球筒回收，杂质从排污阀排出，在操作过程中要保持输气的不中断

知识链接

一、清管器运行过程工艺计算

当检查清管器已发出后，开始进行各项工艺计算，结合沿途监听点的汇报，随时掌握清管器的运行情况，及时发现和正确处理各类问题。

1. 清管器运行距离估算

近似公式如下：

$$L = \frac{Q_b}{10FP}$$

式中　L——清管器运行距离，km；

Q_b——发出清管器后的累积进气量，km³；

P——清管器后平均压力，MPa；

F——管道内径横截面积，m²。

2. 清管器运行速度估算

如果能够计算输气量，可以采用下式估算清管器运行瞬时速度。注意将实际速度值尽量控制在方案规定值附近。

$$v = \frac{Q}{240FP}$$

式中　v——清管器运行速度，km/h；

Q——输气流量，km³/d；

F——管道内径横截面积，m²；

P——清管器后平均压力，MPa。

如果不能计算输气流量，可以采用下式估算清管器运行平均速度。

$$\bar{v} = \frac{L}{t}$$

式中　$\bar{v}$——清管器运行平均速度，km/h；

L——清管器运行距离，km；

t——运行距离为 L 的实际时间，h。

二、收球工艺流程

如图 1-3-3-1 所示，进行清管器回收作业时，清管器被燃气从上游推送到末站后，经末站收球阀 ⑤ 进入清管器收球筒。杂质从收球筒下方的排污阀排出，清管器从收球筒的快开盲板处取出。清管器到达末站时，首站的流程还是维持正常输气流程。

收球流程阀门的开关状态如下：首站压力平衡阀 ①、发球阀 ②、末站进站阀④关闭；首站出站阀 ③、末站收球阀 ④、末站压力平衡阀 ⑤ 打开。

三、收球组设置

组长：

成员：

职责：

① 负责收球操作前的安全检查、临时排污设施及设备安装、发球筒以及工具、用具的检查。

② 向运行协调组和现场指挥组汇报作业情况。

③ 负责按照清管方案进行清管器的接收操作、流程切换以及收球作业期间的排污和收球的流程操作。

④ 负责清管器接收后参数测量、拍照和记录保存。

⑤ 负责排污操作以及污水、污物的分析、统计、记录及处理。

⑥ 负责快开盲板的操作和维护。

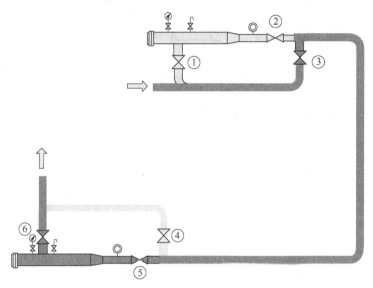

图 1-3-3-1　收球流程

①—首站压力平衡阀；②—发球阀；③—首站出站阀；④—末站进站阀；⑤—收球阀；⑥—末站压力平衡阀

任务实施

一、任务准备

① 工具：棉纱、黄油、收球记录表、验漏瓶、油盆、橡胶手套、收球杆、记录笔、毛毡、水管、活动扳手、平口螺丝刀、管钳、钢卷尺、F扳手、过球指示仪、对讲机、游标卡尺、密封圈、计算器、收球筒专用扳手。

② 输气管线收球时，提前一天对收球筒验漏，在球到半小时前导通收球流程，进行收球。

③ 确认收球筒放空阀、排污阀、注水管线控制阀灵活好用且关闭，打开收球筒进气阀充压、验漏。

④ 打开收球筒球阀和出气阀，关闭主输气阀，通知上游站发球，每15min记录一次气量、压力，及时与上游站联系。

二、任务实施步骤

1. 收球前的准备工作

① 关闭收球筒放空阀 ⑨（图 1-3-3-2）。

M1-18　收球
操作卡

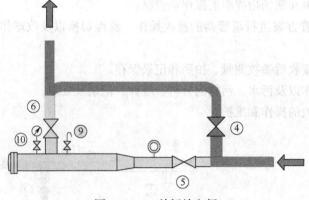

图 1-3-3-2　关闭放空阀

② 打开收球筒平衡阀⑥，平衡收球筒内压力（图 1-3-3-3）。

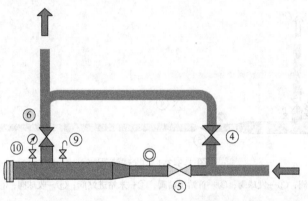

图 1-3-3-3　打开平衡阀

2. 接收清管器

如图 1-3-3-4 所示，接收清管器。

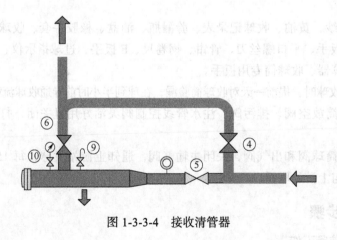

图 1-3-3-4　接收清管器

① 全开收球阀⑤（图 1-3-3-5）。

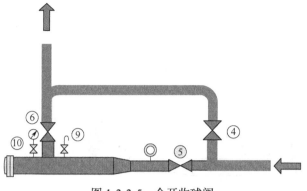

图 1-3-3-5 全开收球阀

② 关闭进站阀④，等待接收清管器（图 1-3-3-6）。

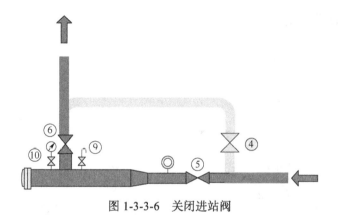

图 1-3-3-6 关闭进站阀

③ 通球指示仪发出球过信号后，关闭收球筒平衡阀⑥，打开底部排污阀⑪排污，接引清管器。如果遇到污水、污物较多时，应当在污水、污物到达接收站时，关闭收球筒平衡阀⑥，打开排污阀⑪排污（图 1-3-3-7）。

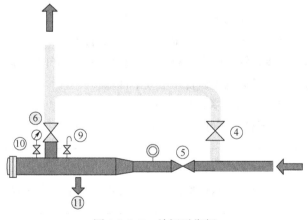

图 1-3-3-7 关闭平衡阀

④ 确认清管器进入接收筒后，关闭排污阀⑪，关闭收球阀⑤（图 1-3-3-8）。

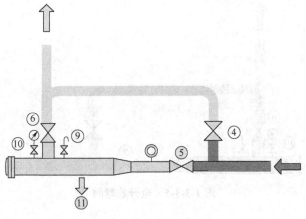

图 1-3-3-8　关闭排污阀

⑤ 打开进站阀 ④，恢复正常输气（图 1-3-3-9）。

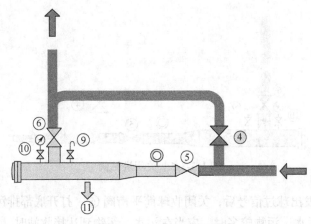

图 1-3-3-9　打开进站阀

3.清管器接收后的收尾工作

① 打开收球筒排污阀、打开收球筒放空阀 ⑨ 进行放空。

② 当收球筒压力降为零，打开快开盲板 ⑩，**取出清管器。**

注意：如果收球筒内硫化铁粉较多，打开快开盲板前，应先向收球筒内注水，或打开快开盲板后立即向筒内注水，避免硫化铁粉在空气中自燃。

③ 清除收球筒内污物，清洗后关闭快开盲板 ⑩。

④ 关闭放空阀 ⑨，关闭排污阀⑪，清理现场。

任务学习成果

收球筒排污，过球指示仪从收球筒取出，末站流程恢复正常输气流程。

任务测评标准

测评项目：清管器的回收作业。

测评标准：清管器的回收作业考核评分标准见表 1-3-3-1。

表 1-3-3-1　清管器的回收作业考核表

序号	考核内容	评分要素	配分	评分标准	扣分	得分	备注
1	准备工作	① 准备工具、用具 ② 熟悉清管方案 ③ 检查清管器，检查通信情况	15	① 工具、用具少准备或错一件扣2分 ② 未口述具有审批合格的清管方案，扣5分 ③ 未检查清管器扣5分，漏、缺一项扣2分			
2	接收前的检查	检查各部件及仪表	5	未检查清管阀各部位仪表和阀门是否正常完好一件扣2分			
		检查信号发生器及接上电源	5	未指示信号发生器安装好电池或接好电源扣5分			
		做好接收工作	10	未计算扣10分			
3	清管器接收	流程倒换	10	倒换流程错误扣10分，顺序错误扣5分			
		控制压差，正确判断清管器位置	20	未合理控制清管器前后压差扣10分　不能正确判断清管器进入清管阀，扣10分			
		汇报，恢复生产流程	5	未恢复生产流程扣5分			
4	汇报工作	向生产调度室汇报	5	准备工作完毕后，未向调度室汇报扣2分，未向发送方联系扣5分			
		与发送方联系	5	收到清管器后未向调度室汇报扣2分，未向发送方联系扣3分			
5	清洁工作及资料记录	① 工具、用具回收 ② 做好相关记录	5	场地、设备未清扫扣2分			
			5	工具、用具未清洁回收一件扣1分			
			5	记录错，漏一项扣1分			
			5	未测量检查清管器直径并对外观描述扣5分，缺一项扣2分			
6	安全文明操作	① 穿戴安全防护用品 ② 安全操作		① 安全防护用品少穿戴一件扣1分，不穿戴安全防护扣5分 ② 有不安全的操作步骤，有被考评员阻止的操作视为违章操作、在总分扣40～100分			
7	考核时限	在规定时间内完成		要求在20min内完成，每超过1min扣5分，超过5min停止操作，未完成步骤不得分			

任务拓展与巩固训练

根据实训内容，查阅资料，完成以下两个拓展任务。

1. 请制定清管器破裂故障的处理方法。

2. 清管器被卡会出现什么现象？请制定解卡的方案。

模块二
压缩天然气
母站运行

>>>

CNG，即压缩天然气（compressed natural gas，CNG），是天然气净化后加压到20～25MPa并以气态储存在容器中的天然气，它与管道天然气的组分相同。压缩天然气作为一种城镇燃气的清洁燃料，已得到广泛应用。

CNG的场站按照气源类型，分为CNG母站、CNG标准站及CNG子站，CNG子站又可分为城镇CNG供应子站和CNG汽车加气子站。

其中，CNG母站是指可以为运输用储气设施充装压缩天然气的加气站，包括单独母站和带有汽车加气功能的母站。CNG母站建在城镇管网门站或天然气主干道附近。

CNG标准站又称常规站，指的是气源取自城镇天然气管道，经处理压缩后直接为汽车进行加气作业的压缩天然气加气站，CNG标准站的设备及工艺流程与CNG母站基本相似。

CNG子站中的城镇CNG供应子站是以CNG作为气源，依靠中低压管网系统为城镇居民、商业和工业企业进行供气，一般在该管网系统的起点建立相当于城镇燃气储配站的设施，对车载储气瓶运进的压缩天然气进行卸车、降压、储存、输配。

CNG子站中的CNG汽车加气子站指的是用车载储气设施运入压缩天然气为燃气汽车进行加气作业的压缩天然气加气站。

本模块的内容主要涉及CNG母站的相关操作项目。

项目一　　　压缩天然气母站开停车

项目导读

　　开停车是 CNG 母站的基本操作，要求工作人员对整个 CNG 母站的工艺流程能够非常熟悉，对开停车步骤掌握扎实，才能实现安全、平稳、高效的开车和停车操作。

项目学习单

项目名称		CNG 母站开停车	
项目学习目标	知识目标	• 了解 CNG 加气站的作用及其分类 • 掌握 CNG 母站的整体工艺流程 • 掌握 CNG 母站压缩机工艺流程 • 能区分加气流程和储气流程 • 了解燃气脱水（干燥）方法和脱水流程 • 了解火炬系统的作用及设置要求	
	能力目标	• 能正确进行 CNG 母站开停车操作 • 能对 CNG 母站常见故障进行处理 • 能熟练切换干燥和再生流程 • 能分别按金额和加气量进行加气操作	
	素质目标	• 锻炼团队协作能力 • 提高分析和处理问题以及解决生产事故的能力 • 形成责任意识和安全工作态度	
学时		18	任务学时
工作任务	任务 1	绘制 CNG 母站工艺流程图	4
	任务 2	CNG 母站冷态开车	8
	任务 3	CNG 母站正常停车	6

任务 1　绘制压缩天然气母站工艺流程图

任务说明

某 CNG 加气母站具有天然气净化、增压、储气、加气等功能，利用压缩机将天然气加压至 25MPa 送入储气井储存，再由专用运输车将压缩天然气运往子站，子站再给 CNG 汽车加气。为了能顺利进行 CNG 母站的冷态开车、停车等正常操作，需要先熟悉整个母站的工艺流程，请绘制该母站工艺流程图，并清晰掌握每个设备的标号和功能。

任务学习单

任务名称		绘制 CNG 母站工艺流程图
任务学习目标	知识目标	• 会绘制和识读工艺流程图 • 明白母站中每个设备的功能 • 能描述出储气流程和加气流程
	能力目标	• 能快速、准确绘制现场工艺流程图 • 能在流程图和现场快速、准确找到指定阀门和设备
	素质目标	• 锻炼认真对待小任务的耐心 • 养成细心和严谨的学习和工作态度
任务完成时间		4 学时
任务完成环境		天然气管输实训室
任务工具		铅笔、橡皮、尺子、A3 图纸
完成任务所需知识和能力		• 工艺流程图的绘制和识读 • CNG 母站的主要设备及其功能
任务要求		根据实训现场 CNG 母站的流程布置，绘制实训场地的 CNG 母站工艺流程图，并正确对每个阀门和设备进行标号
任务重点	知识	• 工艺流程图的绘制要求 • 设备及阀门图例画法
	技能	• 能在规定时间按现场实际绘制工艺流程图，并能根据流程图读流程
任务结果		完成 CNG 母站完整的工艺流程图 1 张

知识链接

一、CNG 母站简介

CNG 加气母站是专门为 CNG 汽车提供燃料的大型城市天然气运用基础设施。它集接收、净化、压缩、储存、转运天然气等功能于一身。一个加气母站一般配有多个加气子站，母站建于城市外围靠近天然气气源的地方，而子站一般是建设在城市内，以方便车辆加气，或者建设在没有燃气管道敷设的乡镇工业区，提供天然气作为工业生产的能源。

母站常见工艺流程：低压或者中压天然气通过压缩机，增压至 20 ~ 25MPa，将其压缩到特制的钢瓶或管束，放到带牵引机构的撬车上，运至子站，连接卸气柱经卸气系统进入 CNG 调压设备，通过减压撬将高压天然气减至用户所需的压力 0.2 ~ 0.4MPa 后进入输送管网，供给用户。

二、CNG 母站的主要设备

表 2-1-1-1 和表 2-1-1-2 分别列出 CNG 母站主要设备及主要仪表指标。

表 2-1-1-1　CNG 母站主要设备

序号	设备位号	设备名称	序号	设备位号	设备名称
1	V-1101	卧式脱水过滤器	6	V-1106A/B/C	储气井 A/B/C
2	V-1102	汇管	7	V-1105	排污池
3	V-1103A/B	缓冲罐 A/B	8	C-1102A/B	加气柱 A/B
4	V-1104	回收罐	9	V-1107	放空火炬
5	C-1101A/B	压缩机 A/B	10	V-1108A/B/C/D	吸附塔 A/B/C/D

表 2-1-1-2　CNG 母站主要仪表指标

序号	仪表位号	正常值	单位	序号	仪表位号	正常值	单位
1	FIQ-1101	4000	m³/h	19	PG-1205	1.5	MPa
2	FIQ-1102	4000	m³/h	20	PG-1206	1.5	MPa
3	FIQ-1103	4000	m³/h	21	PG-1207	1.5	MPa
4	FIQ-1301	4000	m³/h	22	PG-1301	1.5	MPa
5	PI-1101	1.5	MPa	23	PG-1302	1.5	MPa
6	PI-1102	1.5	MPa	24	PG-1303	25	MPa
7	PI-1301	1.5	MPa	25	TI-1101	25	℃
8	PI-1302	1.5	MPa	26	TI-1102	25	℃
9	PI-1303	25	MPa	27	TI-1301	40	℃
10	PI-1401	1.5	MPa	28	TI-1401	25	℃
11	PI-1402	25	MPa	29	TI-1402	80	℃
12	PG-1101	1.5	MPa	30	TI-1403	40	℃
13	PG-1102	1.5	MPa	31	TI-1404	95	℃
14	PG-1103	1.5	MPa	32	TI-1405	40	℃
15	PG-1201	1.5	MPa	33	LI-1101	10 ~ 70	%
16	PG-1202	1.5	MPa	34	LI-1102	10 ~ 70	%
17	PG-1203	1.5	MPa	35	LI-1401	10 ~ 70	%
18	PG-1204	1.5	MPa	36	LI-1402	10 ~ 70	%

一、任务准备

① 准备图纸以及画图工具，同时提前熟悉实训场地工艺流程。

② 熟悉工艺流程。

二、任务实施步骤

1. 草图设计

① 用框图画出生产工艺流程必需的全部设备，设备的相对位置、大小要基本符合实际。

② 设计出无标准图例的设备轮廓图。

③ 确定设备间工艺物料线及辅助物料线的最佳连接位置。

④ 画出全部阀门、重要的管件、控制点。

2. 图面设计（正式）

① 确定绘图区域，图例、标题栏的大小。

② 确定设备图例的排列方式、尺寸、相对位置。

③ 确定物料流程线的排列方式与相对位置。

④ 合理选择标注内容、项目，为设备、仪表、管道确定编码方式和统一编号。

3. 工艺流程图的绘制

① 按照工艺流程顺序，从左至右，用点划线画出设备中心线。

② 用细实线按图例画出所有设备。

按门站平面布置的大体位置，将各种工艺设备在图上布置好。

③ 先用细实线按流程顺序和物料种类画出物料线及流向。

按正常生产工艺流程、辅助工艺流程的要求，用管路将各种工艺设备联系起来。

④ 用细实线按流程顺序和标准图例画出控制阀、重要管件、检测仪表、相应控制信号连接线。

⑤ 检查、调整。

⑥ 将物流线改画成粗实线，用标准箭头画出流向。

⑦ 标出设备位号、管道号、仪表号及相应文字。

⑧ 给出图例与代号、符号说明。

⑨ 按标注绘制、填写标题栏。

任务学习成果

① 完成 CNG 母站工艺流程图一张，要求流程完整、图上符号准确，阀门标号完整，画图规范、整洁。

② 将母站流程分为进气、干燥、压缩、加气、储气五个单元，分别熟练每个单元阀门的标号及位置。

测评项目：CNG 母站工艺流程图的绘制。

测评标准：CNG 母站工艺流程图绘制考核评分标准见表 2-1-1-3。

表 2-1-1-3　CNG 母站工艺流程图绘制考核表

测评内容	分值	要求及评分标准	扣分	得分	测评记录
图面整洁	10	画图规范、整洁，图面清晰，字体工整，图上图例、标题栏等各要素完整，无错误			
流程完整	35	①母站工艺流程完整且正确，从进气管道到干燥模块，再到压缩机系统，最后分两路，一路去储气井，一路去加气机 ②压缩机系统可以分出单独画，也可以直接画到总流程里			
流程图标注	30	用仿宋字体对每个设备进行标注，图上符号准确，阀门标号完整，图例完整且正确			
文明作业	10	文明操作，遵守纪律，无吵闹现象			
时限	15	整个绘图时间控制在 3h 内完成，每超出 10min 扣 1 分，超过 30min 停止绘图，未完成内容不得分			
		合计			

任务拓展与巩固训练

1. 简述 CNG 母站流程。
2. 在自己的工艺流程图上用蓝色线描出母站储气流程。
3. 在自己的工艺流程图上用黄色线描出母站加气流程。
4. 此 CNG 加气母站中主要设备有哪些？分别有什么作用？
5. 教师提问进行指认设备或阀门。

任务 2　压缩天然气母站冷态开车

任务说明

某压缩天然气加气母站建成或检修后，试压、吹扫等所有准备工作均已完成，具备开车条件，该母站能实现天然气的干燥、增压、储气、加气等功能，请在熟悉了工艺流程的基础上，完成该 CNG 母站的冷态开车操作。

任务学习单

任务名称		CNG 母站冷态开车
任务学习目标	知识目标	• 了解 CNG 加气站的作用及其分类 • 掌握 CNG 母站的整体工艺流程 • 掌握 CNG 母站压缩机工艺流程 • 能区分加气流程和储气流程 • 了解燃气脱水（干燥）方法和脱水流程 • 了解加气机的参数设置方法
	能力目标	• 能根据工艺流程熟练制定 CNG 母站冷态开车的步骤 • 能正确进行冷态开车操作
	素质目标	• 形成团队合作意识 • 能解决在合作操作过程中遇到的各种问题
任务完成时间		8 学时
任务完成环境		天然气管输实训室
任务工具		对讲机、电池、手套、安全帽、虚拟化工仿真系统、工艺流程图、螺丝刀、扳手
完成任务所需知识和能力		• CNG 母站的作用、分类及工艺 • 燃气脱水（干燥）方法和脱水流程
任务要求		• 两个人配合完成 CNG 母站全流程的冷态开车操作，并要求每个人都能胜任内操和外操的相关操作 • 能对操作过程中出现的问题进行分析并解决
任务重点	知识	• 燃气脱水的方法 • 吸附法脱水的流程 • 多级压缩流程
	技能	• 阀门的操作及故障处理 • 干燥和再生流程的切换 • 加气机的参数设置及使用 • 压缩机的开车操作
任务结果		CNG 加气母站卧式脱水过滤器单元、干燥撬单元、压缩机单元、加气储气单元流程打通，各设备运行正常，关键参数如下： ☆ 压缩机单元出口压力 25MPa、温度 40℃ ☆ 加气机加气压力 25MPa ☆ 储气井压力 25MPa

一、岗位职责

1. CNG 母站站长岗位职责

① 在生产运营部的领导下，全面负责本站的工作，努力完成公司下达的各项指标和生产任务。

② 按照"安全第一，预防为主"的方针，严格执行国家颁布的各项法律、法规和上级制定的有关技术标准及规范、规程，严格执行本部门的各项规章制度及技术规程，积极组织CNG 母站各项生产活动。

③ 熟悉压缩母站的各项工艺流程和工艺指标，监督和指导各岗位，严格按安全操作规程和技术指标进行各种工艺的操作。

④ 负责与上游天然气供气站的联系，对日供气量进行审核、签证工作。

⑤ 预防事故的发生，若发现事故隐患或发生了事故，应及时向主管部门汇报，填报事故报告单，并按照有关规定和操作规程进行妥善处理。

⑥ 经常向生产运营部汇报 CNG 母站的生产情况，听取生产运营部的指示和有关部门的意见，更好地搞好本站的工作。

⑦ 工作以身作则，处处起表率作用，随时掌握全站职工的思想动态，关心职工生活，让全站成为团结、活泼的战斗集体。

⑧ 负责对本站人员管理和考核工作。

⑨ CNG 母站站长对生产运营部经理负责。

2. CNG 母站运行操作工岗位职责

① 热爱本职工作，熟练掌握本岗位的操作技能，对工作有较高的安全意识和强烈的责任心。

② 在站长的领导下开展工作，严格执行国家颁布的各种法律、法规，遵守公司和本部门的各种规章制度和有关要求。

③ 严格按照 CNG 母站的各类技术标准、规范和安全操作规程要求，进行 CNG 充装工艺的操作。

④ 在站长的带领下，做好安全巡检及站内供气设备的日常维护和一般检修工作，确保气站生产运行安全及所有设备、设施完好。

⑤ 严格执行岗位责任制，遵守劳动纪律，坚守工作岗位，对擅离职守、无故脱岗或因工作不负责任造成不良后果的，应按有关规定进行处理。

⑥ 对本工作范围内的安全防火负直接责任，必须经常检查，发现问题及时处理并向领导汇报。

⑦ 及时准确填报各种设备的安全运行记录报表和交接班记录，认真履行交接班工作流程，交接完后签字。

⑧ CNG 母站运行操作工工作对 CNG 母站站长负责。

二、CNG 母站流程介绍

1. 母站总流程

CNG 母站分为卧式脱水过滤器单元（编号 11××）、天然气干燥单元（编号 12××）、压缩机单元（编号 14×× 和 15××）和加气储气单元（编号 13××）。

气源来的天然气经电动球阀 KIV1101 进入卧式脱水过滤器 V-1101，脱水过滤后气相分 3 路（其中两路是经流量计计量，流量计前有过滤器，一路是流量计旁路）进入汇管 V-1102，然后经两个干燥撬（干燥撬 A：J-1101A，干燥撬 B：J-1101B）干燥脱水后进入两个缓冲罐（缓冲罐 1：V-1103A，缓冲罐 2：V-1103B），缓冲罐出口的天然气汇合后进入压缩机单元，经压缩机 1（C-1101A）和压缩机 2（C-1101B）增压至 25MPa，变成 CNG，然后送入储气井区的储气瓶组（V-1106A/B/C）储存。需要售气时，25MPa 的 CNG 经加气柱（CNG 加气机）对 CNG 汽车售气（图 2-1-2-1、图 2-1-2-2）。

M2-1 CNG 母站工艺流程图

M2-2 CNG 母站压缩机工艺流程图 1

M2-3 CNG 母站压缩机工艺流程图 2

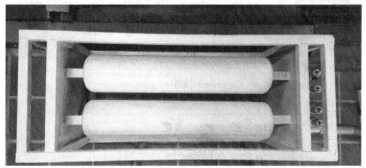

图 2-1-2-1　CNG 汽车

2. 天然气干燥单元

天然气干燥单元（图 2-1-2-3）是为了脱除天然气中的水分，天然气脱水的方法有吸附法、吸收法、低温分离法、膜分离法等。此处采用的是吸附法脱水。

吸附法脱水就是采用固体吸附剂脱除气体混合物中水蒸气或液体中溶解水的工艺过程。根据气体或液体与固体表面之间的作用不同，可将吸附分为物理吸附和化学吸附两类。物理吸附是由流体中吸附质分子与固体吸附剂分子表面之间的范德华力引起的，吸附过程类似气体液化和蒸汽冷凝的物理过程。其特征是吸附质与固体吸附剂不发生化学反应，吸附速度很快，瞬间即可达到相平衡。化学吸附是流体中吸附质分子与固体吸附剂表面的分子起化学反应，生成表面络合物的过程。化学吸附具有选择性，而且吸附速度较慢，需要较长时间才能达到平衡。

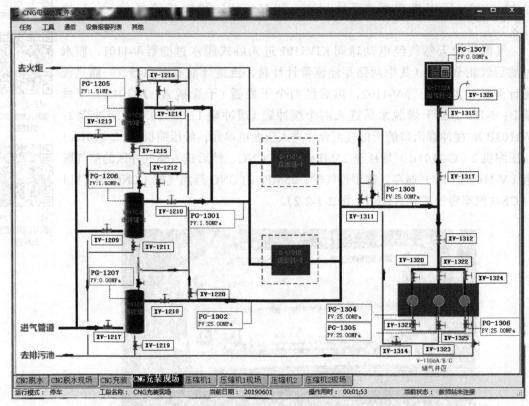

图 2-1-2-2　CNG 充装现场图

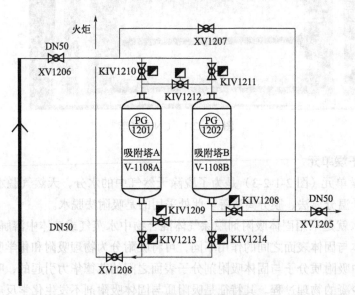

图 2-1-2-3　天然气干燥单元

燃气行业大多采用物理吸附法，目前常用的天然气吸附剂有活性氧化铝、硅胶和分子筛三类。

每个干燥撬包含两个吸附塔。经卧式脱水过滤器过滤后的天然气进入吸附塔。两个吸附塔交替工作，一个进行脱水时，另一个进行再生，当进行脱水工作的吸附塔中水含量饱和时，再生工作的吸附塔再生完成，通过阀门的开关调整实现两个吸附塔的切换。

天然气干燥单元DCS界面如图2-1-2-4所示。

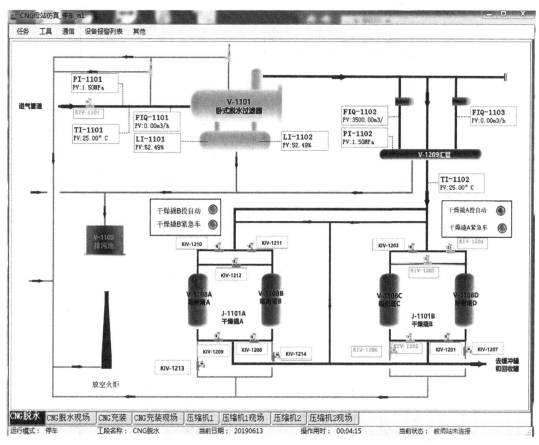

图 2-1-2-4　天然气干燥单元 DCS 界面

3. 压缩机单元

缓冲罐过来的天然气进入**压缩机单元**，先经进口过滤器过滤，送入一级压缩机增压，增压后的气体温度较高，送入空冷器中进行定压冷却，然后进入二级压缩机继续增压至25MPa，再经空冷器冷却后送入气液分离器分离出压缩和冷却过程中产生的液相，则得到合格的25MPa的CNG，送入加气储气单元（图2-1-2-5、图2-1-2-6）。

M2-4　往复式
压缩机

4. CNG 加气柱

CNG加气柱（图2-1-2-7）是CNG交接计量中的重要设备。它是基于精确的质量流量计、可靠的切断阀、先进的电子单元实现安全加气及计费功能的。该机安装了IC卡及通信模块，能够实现卡机联动和加气数据自动远传。

M2-5　加气机加
液机操作步骤

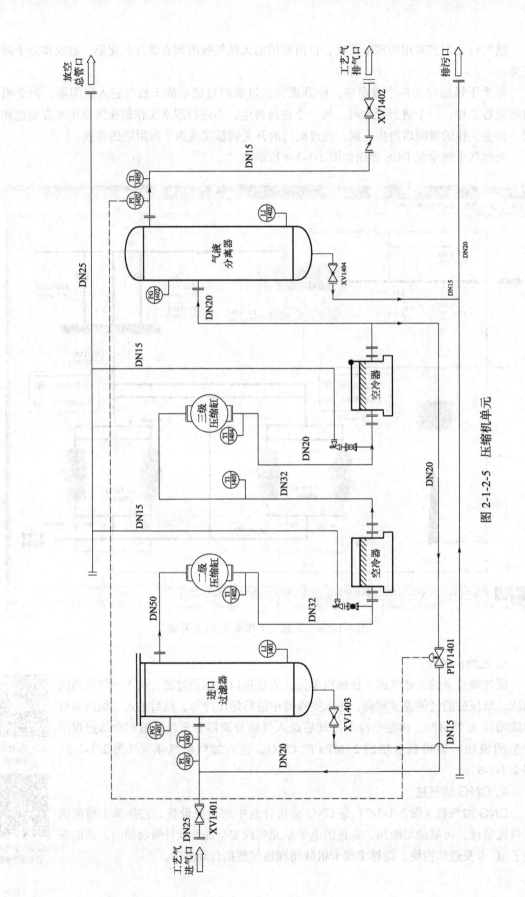

图 2-1-2-5 压缩机单元

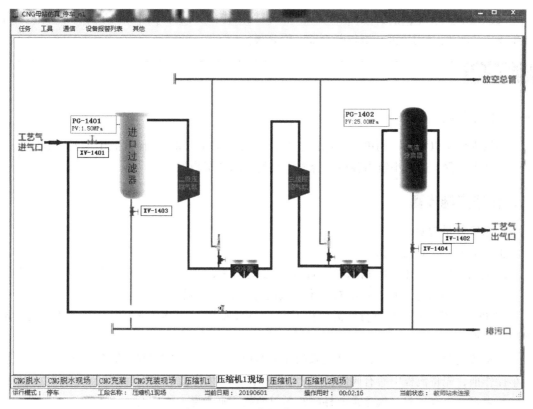

图 2-1-2-6　压缩机单元 DCS 界面

图 2-1-2-7　CNG 加气柱

三、母站冷态开车说明

在进行冷态开车操作时，压力为 1.5MPa、温度为 25℃的气源天然气经卧式脱水过滤器过滤后进入缓冲罐 1 和缓冲罐 2，待缓冲罐压力升高至规定值时（先升压，越过了过滤器和干燥器直接升压），切换为过滤流程，接通至储气井。需要加气时启动压缩机增压，加气。

干燥撬投用后，干燥器液位达到 70% 时，开排污阀排液。同样压缩机的过滤器、气液分离器在液位 70% 时开阀排液。液位降至 5% 后关阀。

任务实施

一、任务准备

小组内分工以负责不同单元，包括进气、干燥、压缩、加气、储气五个单元。制定每个单元的开车步骤，最后小组内各单元合成完整的冷态开车步骤。

二、任务实施步骤

1. 系统登录说明

① 双击桌面 DCS 图标。

② 打开 WinCC 项目管理器，待运行符号变为蓝色，点击运行三角符号，运行管理器。

③ 进入系统登录界面，点击右下角"欢迎进入 HSE 系统"。

④ 进入系统界面，根据操作需要在下方"CNG 脱水"、"CNG 充装"以及"压缩机"界面间点击切换。

先检查阀门和设备状态，屏幕上阀门显示蓝色代表关闭，阀门显示绿色代表打开。冷态开车操作前，先将流程中所有阀门关闭（即所有阀门颜色为蓝色）。

思考题：流程中阀门编号是怎样的？不同的编号形式有哪些区别？

流程中的阀门有 KIV 和 XV 两种形式。其中冷态开车流程中 KIV 形式的阀门有 KIV-2101（门站进站阀）、KIV-2102（门站出站阀）两个，其余的阀门均为 XV 形式。KIV 形式的两个阀门都是气动球阀，其打开和关闭是在中控室中操作的。XV 形式的阀门是手动阀，有球阀、截止阀等不同形式，其打开和关闭均是在现场操作的。

2. CNG 母站冷态开车操作步骤

表 2-1-2-1 列出了城市门站冷态开车操作步骤。

表 2-1-2-1　城市门站冷态开车操作步骤

操作对象描述	操作对象位号
① 打开阀门 XV-1101	XV-1101
② 打开阀门 XV-1102	XV-1102
③ 打开阀门 XV-1103	XV-1103
④ 打开阀门 XV-1106	XV-1106
⑤ 打开阀门 XV-1109	XV-1109
⑥ 打开阀门 XV-1112	XV-1112
⑦ 打开阀门 XV-1206	XV-1206
⑧ 打开阀门 XV-1207	XV-1207
⑨ 打开阀门 XV-1205	XV-1205
⑩ 打开阀门 XV-1213	XV-1213

操作对象描述	操作对象位号
⑪ 打开阀门 XV-1202	XV-1202
⑫ 打开阀门 XV-1203	XV-1203
⑬ 打开阀门 XV-1201	XV-1201
⑭ 打开阀门 XV-1209	XV-1209
⑮ 打开自动球阀 KIV-1101，流量、压力开始升高	KIV-1101
⑯ 当缓冲罐压力升到规定值时，关闭阀门 XV-1106	XV-1106
⑰ 关闭阀门 XV-1109	XV-1109
⑱ 开启 XV-1105	XV-1105
⑲ 开启 XV-1108	XV-1108
⑳ 打开阀门 XV-1214	XV-1214
㉑ 打开阀门 XV-1210	XV-1210
㉒ 打开阀门 XV-1312	XV-1312
㉓ 打开阀门 XV-1320	XV-1320
㉔ 打开阀门 XV-1322	XV-1322
㉕ 打开阀门 XV-1324	XV-1324
㉖ 打开压缩机进口阀门 XV-1401	XV-1401
㉗ 打开压缩机出口阀门 XV-1402	XV-1402
㉘ 启动压缩机 C-1101A	C-1101A
㉙ 打开阀门 XV-1317	XV-1317
㉚ 打开阀门 XV-1315，压力表示数升高到规定值	XV-1315
㉛ 拿起加气枪，插入加气孔，打开加气阀门 XV-1326 开始加气，流量增加，金额增加	XV-1326
㉜ 关闭阀门 XV-1326，停止加气	XV-1326
㉝ 拔下加气枪，关闭阀门 XV-1315	XV-1315
㉞ 打开阀门 XV-1204	XV-1204
㉟ 打开阀门 XV-1208	XV-1208
㊱（干燥撬A手动状态）点击干燥撬A吸附按钮，干燥撬A开始吸附	
㊲（干燥撬A手动状态）点击干燥撬A放压按钮，干燥撬A开始放压	
㊳（干燥撬A手动状态）点击干燥撬A冲洗按钮，干燥撬A开始冲洗	
㊴（干燥撬A手动状态）点击干燥撬A冲压按钮，干燥撬A开始冲压	
㊵ 点击干燥撬A投自动按钮，干燥撬A投自动	
㊶（干燥撬B手动状态）点击干燥撬B吸附按钮，干燥撬B开始吸附	
㊷（干燥撬B手动状态）点击干燥撬B放压按钮，干燥撬B开始放压	
㊸（干燥撬B手动状态）点击干燥撬B冲洗按钮，干燥撬B开始冲洗	
㊹（干燥撬B手动状态）点击干燥撬B冲压按钮，干燥撬B开始冲压	
㊺ 点击干燥撬B投自动按钮，干燥撬B投自动	

续表

操作对象描述	操作对象位号
㊻卧式脱水过滤器液位缓慢升高，超过 70% 开阀门 XV-1104	XV-1104
㊼液位降低，降到 5% 后关闭阀门 XV-1104	XV-1104
㊽压缩机进口过滤器缓慢升高，超过 70% 开阀门 XV-1403	XV-1403
㊾液位降到 5% 后关闭阀门 XV-1403	XV-1403
㊿气液分离器液位缓慢升高，超过 70% 开阀门 XV-1404	XV-1404
(51)液位降到 5% 后关闭阀门 XV-1404	XV-1404

任务学习成果

① 每位同学都能熟练掌握冷态开车操作步骤；

② 能任意两人配合完成冷态开车操作；

③ 每位同学都能独立胜任内操和外操岗位的操作。

任务测评标准

测评项目：CNG 母站冷态开车操作。

测评标准：CNG 母站冷态开车操作考核评分标准见表 2-1-2-2。

表 2-1-2-2　CNG 母站冷态开车操作考核表

测评内容	分值	要求及评分标准	扣分	得分	测评记录
步骤汇报	20	以小组为单位汇报冷态开车操作步骤，要求对步骤掌握熟练，能准确快速找出教师任意指出的阀门位置			
准备工作	10	检查和恢复所有阀门至该任务的初始状态，检查泵的初始状态，检查协调对讲机			
基本操作	40	① 按正确的操作步骤进行冷态开车 ② 正确判断阀门的开关方向，切忌用力过大损坏阀门和设备			
文明作业	10	① 着装整齐，文明操作，遵守纪律 ② 操作过程配合默契，无吵闹现象 ③ 操作结束后将所使用工具摆放整齐，确保实训现场整洁			
特殊情况处理	10	对考核过程中出现的临时情况，比如阀门接触不好、阀门打不开等问题能进行正确判断和处理			
时限	10	① 操作步骤汇报时间控制在 8min 内，每超出 10s 扣 1 分；超时 1min 停止汇报，不计成绩 ② 整个操作时间控制在 10min 内完成，每超出 10s 扣 1 分；超时 1min 停止操作，步骤未完成不计成绩			
合计					

任务拓展与巩固训练

1. 压缩模块中空冷器的作用是什么？为什么要设置空冷器？

2. 讲述干燥撬 A 的工作流程。

任务 3　压缩天然气母站正常停车

任务说明

某 CNG 加气母站运行一段时间后，需按计划进行停车检修，请进行该母站的正常停车操作，并将所有分离器、过滤器等存液设备内的液体排空，将系统内的气体排去火炬。

任务学习单

任务名称		CNG 母站正常停车
任务学习目标	知识目标	• 了解火炬系统的作用及设置要求
	能力目标	• 能根据工艺流程熟练制定 CNG 母站正常停车的步骤 • 能正确进行 CNG 母站正常停车操作
	素质目标	• 形成团队合作意识 • 养成高度的责任心和认真的态度 • 能解决在合作操作过程中遇到的各种问题
任务完成时间		6 学时
任务完成环境		天然气管输实训室
任务工具		对讲机、电池、手套、安全帽、虚拟化工仿真系统、工艺流程图、螺丝刀、扳手
完成任务所需知识和能力		• CNG 母站的整体工艺流程 • CNG 母站压缩机工艺流程 • 火炬系统的作用及设置要求 • CNG 母站停车流程 • 阀门操作方法
任务要求		• 两个人配合完成 CNG 母站正常停车的操作，并要求每个人都能胜任内操和外操的相关操作 • 能对操作过程中出现的问题进行分析并解决
任务重点	知识	• CNG 母站停车流程及注意事项
	技能	• 阀门的操作及故障处理
任务结果		CNG 母站停车，所有设备停止和运行，管道和设备内的气体排入回收罐，剩余气体排去火炬，阀门全部关闭，主要参数如下： ☆卧式脱水过滤器液位 ☆干燥撬 A/B 手动状态 ☆压缩机单元过滤器和分离器液位

知识链接

一、火炬

在石油化工厂里，总可以看到一种冒着火焰的"烟囱"。实际上这并不是烟囱。因为烟囱冒出的应该是烟，而这种烟囱冒出的却是可燃气体，而气体刚冒出烟囱时即被燃烧，所以人们称它为"火炬"（图 2-1-3-1），更确切地称为"安全火炬"。火炬的作用是什么呢?

图 2-1-3-1　火炬

① 化工厂在生产过程中，会产生很多易燃易爆的气体，其中很多对人体有害。这些气体万一泄漏出去，就会造成环境污染，危害人体健康。

② 更危险的是，这些气体大多比空气重，蔓延后会沉积在地面，达到很高的浓度。一旦遇到火，就会造成火灾，甚至发生爆炸。

③ 为了消除这些隐患，人们利用火炬将这些易燃、易爆、有毒、有腐蚀性的气体通过燃烧变成无害的二氧化碳、水或无毒、毒性较小的其他物质。

火炬系统是化工生产装置中重要的安全和环保设施，主要用于处理生产装置开停工、非正常生产及紧急状态下无法进行有效回收的可燃气体，即用于处理多余的、有害的、不平衡的气体。

排入火炬系统的气体一般都是多种气体的混合物，在紧急状态下来不及直接作为产品回收，如果不通过火炬燃烧，就会造成生产装置超压，发生严重的生产事故。

火炬完全燃烧后主要生成水蒸气和二氧化碳，如果不能完全燃烧就会产生一氧化碳和炭黑，这与家里用液化气烧饭的原理差不多，不会对人体直接造成危害，会增加大气中二氧化碳的排放量和固体可吸入物的量，但与不燃烧直接排放相比要安全环保得多。

火炬系统须保证相关装置在开 / 停车状态、正常运行状态和事故时产生的放空气能够及时、安全、可靠地燃烧，并满足热辐射、有害气体排放浓度等环保要求。

火炬的类型有塔架火炬（高架火炬、高空火炬）和地面火炬。

塔架火炬（图 2-1-3-2）是通过塔架支撑，将废气或者排放气引入高空，对其进行燃烧的火炬。

地面火炬（图 2-1-3-3）是指在地面直接对废气进行燃烧和处理的火炬装置，是近些年新开发和研究的设施。

两种类型的火炬相比较，在投资方面，地面火炬大于高架火炬；而在处理气量方面，高架火炬的火炬气处理量比地面火炬要大，同时高架火炬适用于处理压力较高的气体；地面火炬的污染、噪声、热辐射都比高架火炬小，地面火炬更安全。

图 2-1-3-2　塔架火炬

图 2-1-3-3　地面火炬

二、停车原则

CNG 母站停车时，需首先切断气源，然后停压缩机，再将压缩机单元的过滤器和气液分离器进行排液。再分别停加气机和储气井的流程。这些设备都停车关阀之后，将储气加气单元管道内的气体排去回收罐，至储气加气单元和回收罐之间压力平衡，然后将储气加气单元内剩余气体排去火炬，最后将卧式脱水过滤器和汇管里的液体排掉，关闭各阀门。

任务实施

一、任务准备

小组内分工负责不同单元，包括进气、干燥、压缩、加气、储气五个单元。制定每个单元的停车步骤，最后小组内各单元合成完整的停车操作步骤。

二、任务实施步骤

表 2-1-3-1 列出了 CNG 母站停车操作步骤。

表 2-1-3-1　CNG 母站停车操作步骤

	操作对象描述	操作对象位号
停气源	① 关闭自动球阀 KIV-1101，停止进气	KIV-1101
停压缩机	② 停压缩机 C-1101A	C-1101A
	③ 关闭阀门 XV-1401	XV-1401
	④ 关闭阀门 XV-1402	XV-1402
压缩机单元：过滤器和气液分离器排液	⑤ 打开阀门 XV-1403	XV-1403
	⑥ 将液位降到 1% 以下，关闭阀门 XV-1403	XV-1403
	⑦ 打开阀门 XV-1404	XV-1404
	⑧ 将液位降到 1% 以下，关闭阀门 XV-1404	XV-1404
停加气机流程	⑨ 关闭阀门 XV-1317	XV-1317
停储气井流程	⑩ 关闭阀门 XV-1312	XV-1312
	⑪ 关闭阀门 XV-1320	XV-1320
	⑫ 关闭阀门 XV-1322	XV-1322
	⑬ 关闭阀门 XV-1324	XV-1324
储气加气单元：排气去回收罐，至压力平衡	⑭ 打开阀门 XV-1218，将管道内气体排至回收罐	XV-1218
	⑮ 压力平衡后关闭阀门 XV-1218	XV-1218
储气加气单元：剩余气体排去火炬	⑯ 打开阀门 XV-1311，将其余的管道内气体排净	XV-1311
	⑰ 关闭阀门 XV-1311	XV-1311
停干燥撬 A 和干燥撬 B	⑱ 关闭干燥撬 A 自动按钮，将干燥撬 A 自动打到手动	
	⑲ 关闭干燥撬 B 自动按钮，将干燥撬 B 自动打到手动	
	⑳ 关闭阀门 XV-1206	XV-1206
	㉑ 关闭阀门 XV-1205	XV-1205
	㉒ 关闭阀门 XV-1202	XV-1202
	㉓ 关闭阀门 XV-1201	XV-1201

操作对象描述	操作对象位号
㉔ 关闭阀门 XV-1208	XV-1208
㉕ 关闭阀门 XV-1204	XV-1204
㉖ 关闭阀门 XV-1213	XV-1213
㉗ 关闭阀门 XV-1214	XV-1214
㉘ 关闭阀门 XV-1209	XV-1209
㉙ 关闭阀门 XV-1210	XV-1210

停干燥撬 A 和干燥撬 B 对应上面 ㉔～㉙ 行。

操作对象描述	操作对象位号
㉚ 打开阀门 XV-1217，将系统管路内的气体排至回收罐内	XV-1217
㉛ 关闭阀门 XV-1217	XV-1217

干燥撬单元：排气去回收罐 对应上面 ㉚～㉛ 行。

操作对象描述	操作对象位号
㉜ 关闭阀门 XV-1101	XV-1101
㉝ 关闭阀门 XV-1102	XV-1102

关阀 对应上面 ㉜～㉝ 行。

操作对象描述	操作对象位号
㉞ 打开阀门 XV-1114	XV-1114
㉟ 打开阀门 XV-1113，将管道和系统内的气体排净	XV-1113

进气单元：剩余气体排火炬 对应上面 ㉞～㉟ 行。

操作对象描述	操作对象位号
㊱ 当压力降到 0.05MPa 以下时，打开阀门 XV-1104	XV-1104
㊲ 将卧式脱水过滤器液位降到 1% 以下	
㊳ 打开阀门 XV-1111，将汇管排净	XV-1111
㊴ 将卧式脱水过滤器液位降到 1% 以下，关闭阀门 XV-1104	XV-1104
㊵ 汇管排净后，关闭阀门 XV-1111	XV-1111

卧式脱水过滤器、汇管排液 对应上面 ㊱～㊵ 行。

操作对象描述	操作对象位号
㊶ 关闭阀门 XV-1114	XV-1114
㊷ 关闭阀门 XV-1113	XV-1113
㊸ 关闭阀门 XV-1103	XV-1103
㊹ 关闭阀门 XV-1207	XV-1207
㊺ 关闭阀门 XV-1203	XV-1203
㊻ 关闭 XV-1105	XV-1105
㊼ 关闭 XV-1108	XV-1108
㊽ 关闭 XV-1112	XV-1112

把所有阀门关闭 对应上面 ㊶～㊽ 行。

任务学习成果

① 每位同学都能熟练掌握 CNG 母站正常停车操作步骤；

② 能任意两人配合完成 CNG 母站正常停车操作；

③ 每位同学都能独立胜任内操和外操岗位的操作。

测评项目：CNG 母站正常停车操作。

测评标准：CNG 母站正常停车操作考核评分标准见表 2-1-3-2。

表 2-1-3-2　CNG 母站正常停车操作考核表

测评内容	分值	要求及评分标准	扣分	得分	测评记录
步骤汇报	10	以小组为单位汇报 CNG 母站正常停车操作步骤，要求熟练掌握步骤，熟悉停车关阀顺序			
准备工作	15	检查和恢复所有阀门至正常运行状态，检查泵的状态，检查协调对讲机			
基本操作	50	按正确的操作步骤进行 CNG 母站正常停车操作，以最终操作平台得分计			
文明作业	5	① 着装整齐，文明操作，遵守纪律 ② 操作过程配合默契，无吵闹现象 ③ 操作结束后将所使用工具摆放整齐，确保实训现场整洁			
特殊情况处理	10	对考核过程中出现的临时情况，比如阀门接触不好、阀门打不开等问题能进行正确判断和处理			
时限	10	① 操作步骤汇报时间控制在 5min 内，每超出 10s 扣 1 分；超时 1min 停止汇报，不计成绩 ② 整个操作时间控制在 10min 内完成，每超出 20s 扣 1 分；超时 1min 停止操作，未完成步骤不计成绩			
合计					

任务拓展与巩固训练

网上查资料，了解火炬系统分液罐的相关知识。

项目二 压缩天然气母站常见故障处理

项目导读

CNG 加气母站中所包含的主要设备有：卧式脱水过滤器、吸附塔、缓冲罐、回收罐、压缩机、加气机、储气井等。其中压缩机单元还设有过滤器、气液分离器、空冷器等设备。这些设备在运行过程中可能会出现故障，设备故障都会对整个运行流程产生不同的影响，有的设备故障影响比较小，只需局部处理就可恢复；有的设备故障影响很大，需要整体停车进行处理，本项目对 CNG 母站常见的几种故障处理进行练习。

项目学习单

项目名称		CNG 母站常见故障处理	
项目学习目标	知识目标	• 掌握卧式脱水过滤器的结构及其泄漏的常见原因 • 了解缓冲罐的结构、作用及人孔泄漏的常见原因 • 掌握过滤器的结构及堵塞判断标准	
	能力目标	• 能根据参数变化分析故障类型 • 能正确处理卧式脱水过滤器泄漏事故 • 能正确处理缓冲罐人孔泄漏事故 • 能正确处理压缩机故障 • 能正确处理过滤器堵塞事故	
	素质目标	• 锻炼团队协作能力 • 提高分析和处理问题以及生产事故的能力 • 形成责任意识和安全工作态度	
学时		30	任务学时
工作任务	任务 1	卧式脱水过滤器泄漏事故	10
	任务 2	缓冲罐人孔泄漏事故	6
	任务 3	压缩机故障	6
	任务 4	汇管前过滤器堵塞	8

任务 1 卧式脱水过滤器泄漏事故处理

任务说明

CNG 母站的来气先经卧式脱水过滤器脱出部分游离水后，再送入干燥撬进行深度脱水干燥。某天，操作人员在巡检过程中发现卧式脱水过滤器 V-1101 筒体出现泄漏，请进行临时停车操作，使流程状态达到过滤器检修条件。

任务学习单

任务名称		卧式脱水过滤器泄漏事故处理
任务学习目标	知识目标	• 掌握卧式脱水过滤器的结构及其泄漏的常见原因
	能力目标	• 能正确制定卧式脱水过滤器泄漏处理步骤 • 能正确处理卧式脱水过滤器泄漏事故
	素质目标	• 培养分析和解决问题的能力 • 养成细心和严谨的学习态度和工作态度
任务完成时间		10 学时
任务完成环境		天然气管输实训室
任务工具		对讲机、电池、手套、安全帽、虚拟化工仿真系统、工艺流程图、螺丝刀、扳手
完成任务所需知识和能力		• 卧式脱水过滤器泄漏的常见原因 • 卧式脱水过滤器泄漏故障停车原则 • 阀门的操作方法
任务要求		• 两个人配合完成卧式脱水过滤泄漏事故处理操作，并要求每个人都能胜任内操和外操的相关操作 • 能对操作过程中出现的问题进行分析并解决
任务重点	知识	• 卧式脱水过滤器的结构
	技能	• 卧式脱水过滤器泄漏故障停车原则和操作
任务结果		卧式脱水过滤器 V-1101 从流程中切出进行维修，罐内压力降为 0，液位降为 0。干燥撬单元和压缩机单元紧急停车，保持压力和液位，以便维修结束后重新投用

知识链接

一、卧式脱水过滤器

　　天然气过滤器主要由一级旋风分离器、二级惯性除沫器预滤和凝聚、三级精滤芯凝聚、排污阀等组成，夹带液体和固体颗粒的天然气，由进气管以切线方向进入一级旋风分离器。经过旋风分离，较大的液滴和固体颗粒被分离出来。然后，经过二级除沫器，气体在惯性碰撞作用下，气、液、固进一步分离。气体中粒径较大的尘埃被滤除，对后级精滤芯起保护作用。气体通过精滤芯（第三级精滤），粒径大于10μm或更细的固体粒子被滤除；粒径微小的液态雾状物被收集在精滤芯上，并凝聚成较大的液滴，在重力作用下，沉降到精滤管底部。分离出来的液体由各排污口排出，经处理的天然气由过滤器顶端的出气口输出。

二、卧式脱水过滤器泄漏事故停车原则

卧式脱水过滤器泄漏，需要关闭进气总阀，将卧式脱水过滤器 V-1101 切出来，然后将卧式脱水过滤器内气体排掉，去火炬。再将其内分离出来的液体排掉，即排气排液。排干净后可通知维修部门进行维修。同时由于进气总阀关闭，整个流程的进气被切断，因此需要将后面的干燥单元和压缩单元同时停车，但并非全流程检修，因此只需要停干燥撬和压缩机，这两个单元不需要排气和排液（图 2-2-1-1）。

图 2-2-1-1　卧式脱水过滤器泄漏事故停车原则

M2-6　卧式脱水
过滤器

任务实施

一、任务准备

根据该事故的停车原则制定卧式脱水过滤器泄漏处理操作步骤。

二、任务实施步骤

表 2-2-1-1 列出了卧式脱水过滤器泄漏事故处理步骤。

表 2-2-1-1　卧式脱水过滤器泄漏事故处理步骤

操作对象描述	操作对象位号
① 关闭切断阀 KIV-1101	KIV-1101
② 关闭阀门 XV-1101	XV-1101
③ 关闭阀门 XV-1102	XV-1102
④ 关闭阀门 XV-1103	XV-1103
⑤ 打开阀门 XV-1113，将卧式脱水分离器内压力排净	XV-1113
⑥ 打开阀门 XV-1104，将卧式脱水分离器内液位排净	XV-1104
⑦ 通知维修部门进行维修	
⑧ 打开干燥 A 紧急停车按钮	
⑨ 打开干燥 B 紧急停车按钮	
⑩ 关闭压缩机 C-1101A	C-1101A

任务学习成果

① 每位同学都能熟练掌握卧式脱水过滤器泄漏事故处理操作步骤；

② 能任意两人配合完成卧式脱水过滤器泄漏事故处理操作；

③ 每位同学都能独立胜任内操和外操岗位的操作。

任务测评标准

测评项目：卧式脱水过滤器泄漏事故处理。

测评标准：卧式脱水过滤器泄漏事故处理操作考核评分标准见表 2-2-1-2。

表 2-2-1-2 　卧式脱水过滤器泄漏事故处理操作考核表

测评内容	分值	要求及评分标准	扣分	得分	测评记录
步骤汇报	10	以小组为单位汇报卧式脱水过滤器泄漏事故处理操作步骤，要求熟练掌握步骤，能准确快速找出教师任意指出的阀门位置			
准备工作	10	检查和恢复所有阀门至该任务的初始状态，检查压缩机、干燥撬的初始状态，检查协调对讲机			
基本操作	50	按正确的操作步骤进行卧式脱水过滤器泄漏事故处理操作，以最终操作平台得分计			
文明作业	10	① 着装整齐，文明操作，遵守纪律 ② 操作过程配合默契，无吵闹现象 ③ 操作结束后将所使用工具摆放整齐，确保实训现场整洁			
特殊情况处理	10	对考核过程中出现的临时情况，比如阀门接触不好、阀门打不开等问题能进行正确判断和处理			
时限	10	① 操作步骤汇报时间控制在 3min 内，每超出 10s 扣 1 分；超时 30s 停止汇报，不计成绩 ② 整个操作时间控制在 3min 内完成，每超出 10s 扣 1 分；超时 30s 停止操作，未完成步骤不计成绩			
合计					

任务拓展与巩固训练

CNG 母站常见脱水处理方法有哪些？

笔记

任务2　缓冲罐人孔泄漏事故处理

任务说明

CNG母站的来气经干燥净化处理后，进入压缩机增压至25MPa，变成压缩天然气，在燃气进压缩机之前，需经过缓冲罐进行缓冲。操作人员在某次巡检过程中发现缓冲罐V-1103A的人孔出现泄漏，请进行临时停车操作，使流程状态达到缓冲罐检修条件。

任务学习单

任务名称		缓冲罐V-1103A人孔泄漏事故处理	
任务学习目标	知识目标	• 掌握缓冲罐的结构及其人孔泄漏的常见原因	
	能力目标	• 能正确制定缓冲罐人孔泄漏事故处理步骤 • 能正确进行缓冲罐人孔泄漏事故处理操作	
	素质目标	• 培养分析和解决问题的能力 • 养成细心和严谨的学习态度和工作态度	
任务完成时间		6学时	
任务完成环境		天然气管输实训室	
任务工具		对讲机、电池、手套、安全帽、虚拟化工仿真系统、工艺流程图、螺丝刀、扳手	
完成任务所需知识和能力		• 人孔泄漏的常见原因 • 缓冲罐人孔泄漏故障停车原则 • 阀门的操作方法	
任务要求		• 两个人配合完成缓冲罐人孔泄漏事故处理操作，并要求每个人都能胜任内操和外操的相关操作 • 能对操作过程中出现的问题进行分析并解决	
任务重点	知识	缓冲罐的结构和作用	
	技能	缓冲罐人孔泄漏故障停车原则和操作	
任务结果		缓冲罐V-1103A从流程中切出，罐内压力降为0，液位降为0。干燥撬单元和压缩机单元紧急停车，保持压力和液位，以便维修结束后重新投用	

知识链接

一、缓冲罐

缓冲罐（图2-2-2-1）主要用于各种系统中缓冲系统的压力波动，使系统工作更平稳。

CNG 母站的缓冲罐一般是安装在管道进气口与压缩机之间，也可以安装在压缩机之后，主要是起缓冲气流的作用。

二、缓冲罐人孔泄漏事故停车原则

缓冲罐人孔泄漏，需要关闭进气总阀，将该缓冲罐 V-1103A 切出来，然后将该缓冲罐内气体在自身压力下排入回收罐 V-1104，但缓冲罐内的气体排不干净，当缓冲罐和回收罐压力平衡时，再将缓冲罐内剩余气体排去火炬。然后将缓冲罐内沉积下的液体排掉，即排气排液。排干净后可通知维修部门进行维修。同时由于进气总阀关闭，整个流程的进气被切断，因此需要将后面的干燥单元和压缩单元同时停车，但并非全流程检修，因此只需要停干燥撬和压缩机，这两个单元不需要排气和排液。

图 2-2-2-1 缓冲罐

任务实施

一、任务准备

根据事故停车原则制定缓冲罐 V-1103A 人孔泄漏处理操作步骤。

二、任务实施步骤

表 2-2-2-1 列出了缓冲罐 V-1103A 人孔泄漏事故处理步骤。

表 2-2-2-1　缓冲罐 V-1103A 人孔泄漏事故处理步骤

操作对象描述	操作对象位号
① 关闭切断阀 KIV-1101	KIV-1101
② 关闭手阀 XV-1101	XV-1101
③ 关闭手阀 XV-1205	XV-1205
④ 关闭手阀 XV-1214	XV-1214
⑤ 打开手阀 XV-1217，将缓冲罐 A 内气体排至回收罐，直到压力平衡	XV-1217
⑥ 关闭阀门 XV-1217	XV-1217
⑦ 关闭阀门 XV-1213	XV-1213
⑧ 打开手阀 XV-1216，将缓冲罐 1 内压力排净（此时事故现象停）	XV-1216
⑨ 打开手阀 XV-1215，将缓冲罐 1 内污水排净	XV-1215
⑩ 通知维修部门进行维修	
⑪ 打开干燥 A 紧急停车按钮	
⑫ 打开干燥 B 紧急停车按钮	
⑬ 关闭压缩机 C-1101A 紧急停车按钮	C-1101A

任务学习成果

① 每位同学都能熟练掌握缓冲罐 V-1103A 人孔泄漏事故处理操作步骤；

② 能任意两人配合完成缓冲罐 V-1103A 人孔泄漏事故处理操作；

③ 每位同学都能独立胜任内操和外操岗位的操作。

任务测评标准

测评项目：缓冲罐 V-1103A 人孔泄漏事故处理。

测评标准：缓冲罐 V-1103A 人孔泄漏事故处理操作考核评分标准见表 2-2-2-2。

表 2-2-2-2　缓冲罐 V-1103A 人孔泄漏事故处理操作考核表

测评内容	分值	要求及评分标准	扣分	得分	测评记录
步骤汇报	10	以小组为单位汇报缓冲罐 V-1103A 人孔泄漏事故处理操作步骤，要求熟练掌握步骤，能准确快速找出教师任意指出的阀门位置			
准备工作	10	检查和恢复所有阀门至该任务的初始状态，检查压缩机、干燥撬的初始状态，检查协调对讲机			
基本操作	50	按正确的操作步骤进行缓冲罐 V-1103A 人孔泄漏事故处理操作，以最终操作平台得分计			
文明作业	10	① 着装整齐，文明操作，遵守纪律 ② 操作过程配合默契，无吵闹现象 ③ 操作结束后将所使用工具摆放整齐，确保实训现场整洁			
特殊情况处理	10	对考核过程中出现的临时情况，比如阀门接触不好、阀门打不开等问题能进行正确判断和处理			
时限	10	① 操作步骤汇报时间控制在 3min 内，每超出 10s 扣 1 分；超时 30s 停止汇报，不计成绩 ② 整个操作时间控制在 3min 内完成，每超出 10s 扣 1 分；超时 30s 停止操作，未完成步骤不计成绩			
合计					

任务拓展与巩固训练

根据本次实训内容，制定缓冲罐 V-1103B 人孔泄漏事故的处理步骤。

任务 3 压缩机故障处理

任务说明

CNG 母站的来气经干燥净化处理后，进入压缩机增压至 25MPa，变成压缩天然气，母站设有两个压缩机单元，一个是正常工作的压缩机，一个是备用压缩机。某天下午，压缩机突然停止运行，气体无法增压，请进行压缩机的切换操作，启动备用压缩机，使流程恢复正常运行状态。

任务学习单

任务名称		压缩机故障处理
任务学习目标	知识目标	● 掌握母站压缩机单元工艺流程（包含正常工作单元和备用单元） ● 掌握母站压缩机故障处理原则
	能力目标	● 能正确制定压缩机故障处理步骤 ● 能正确进行压缩机故障处理操作
	素质目标	● 培养分析和解决问题的能力 ● 养成细心和严谨的学习态度和工作态度
任务完成时间		6 学时
任务完成环境		天然气管输实训室
任务工具		对讲机、电池、手套、安全帽、虚拟化工仿真系统、工艺流程图、螺丝刀、扳手
完成任务所需知识和能力		● 缓冲罐人孔泄漏故障停车原则 ● 阀门的操作方法
任务要求		● 两个人配合完成压缩机故障处理操作，并要求每个人都能胜任内操和外操的相关操作 ● 能对操作过程中出现的问题进行分析并解决
任务重点	知识	● CNG 母站压缩机单元工艺流程
	技能	● 压缩机故障处理原则和操作
任务结果		备用压缩机单元（编号 15××）投用，运行正常，进入储气加气单元（编号 13××）的天然气压力达到 25MPa，整个流程可进行正常储气和加气任务

知识链接

一、CNG 母站压缩机单元工艺流程

CNG 母站压缩机单元有两部分，正常工作单元（编号 14××）和备用压缩机单元（编号 15××）。两压缩机单元均采用两级压缩，级间采用空冷器冷却，工艺流程如下：从缓冲罐过来的天然气压力为 1.5MPa，温度为 25℃，经压缩机前的进口过滤器过滤后，进入一级压缩缸增压，一级压缩出口温度为 80℃，进入空冷器冷却，温度降为 40℃，然后送入二级压缩缸增压至 25MPa，二级压缩缸出口温度为 95℃，进入空冷器将天然气温度冷却至 40℃

后送入气液分离器分离出液相后，得到的 CNG 送入储气和加气单元。

二、压缩机故障处理原则

正常工作的压缩机单元（14××）故障停车后，需关闭该压缩单元的进口和出口阀门，将该单元切出进行检修。同时，将备用压缩机单元投用，投用方法与冷态开车压缩机单元投用方法相同，最后将流程恢复至正常运行状态。

任务实施

一、任务准备

根据压缩机故障处理原则制定压缩机故障处理操作步骤。

二、任务实施步骤

表 2-2-3-1 列出了压缩机故障处理步骤。

表 2-2-3-1　压缩机故障处理步骤

操作对象描述	操作对象位号
① 关闭手阀 XV-1401	XV-1401
② 关闭手阀 XV-1402	XV-1402
③ 打开手阀 XV-1403，将液位 LI1401 降到 1% 以下	XV-1403
④ 打开手阀 XV-1404，将液位 LI1402 降到 1% 以下	XV-1404
⑤ 打开手阀 XV-1501	XV-1501
⑥ 打开手阀 XV-1502	XV-1502
⑦ 启动压缩机 C-1101B	C-1101B
⑧ 当液位 LI-1501 升至 70%，开阀门 XV-1503	XV-1503
⑨ 当液位 LI-1501 降至 10%，关阀门 XV-1503	XV-1503
⑩ 当液位 LI-1502 升至 70%，开阀门 XV-1504	XV-1504
⑪ 当液位 LI-1502 降至 10%，关阀门 XV-1504	XV-1504

任务学习成果

① 每位同学都能熟练掌握压缩机故障处理操作步骤；
② 能任意两人配合完成压缩机故障处理操作；
③ 每位同学都能独立胜任内操和外操岗位的操作。

任务测评标准

测评项目：压缩机故障处理。
测评标准：压缩机故障处理操作考核评分标准见表 2-2-3-2。

表 2-2-3-2　压缩机故障处理操作考核表

测评内容	分值	要求及评分标准	扣分	得分	测评记录
步骤汇报	10	以小组为单位汇报压缩机故障处理操作步骤，要求熟练掌握步骤，能准确快速找出教师任意指出的阀门位置			
准备工作	10	检查和恢复所有阀门至该任务的初始状态，检查压缩机（14××和15××）、干燥撬的初始状态，检查协调对讲机			
基本操作	50	按正确的操作步骤进行压缩机故障处理操作，以最终操作平台得分计			
文明作业	10	① 着装整齐，文明操作，遵守纪律 ② 操作过程配合默契，无吵闹现象 ③ 操作结束后将所使用工具摆放整齐，确保实训现场整洁			
特殊情况处理	10	对考核过程中出现的临时情况，比如阀门接触不好、阀门打不开等问题能进行正确判断和处理			
时限	10	① 操作步骤汇报时间控制在 3min 内，每超出 10s 扣 1 分；超时 30s 停止汇报，不计成绩 ② 整个操作时间控制在 3min 内完成，每超出 10s 扣 1 分；超时 30s 停止操作，未完成步骤不计成绩			
合计					

任务拓展与巩固训练

根据本次实训内容，制定 14×× 压缩机单元故障消除后重新投用的操作步骤。

笔记

任务4 汇管前过滤器堵塞事故处理

任务说明

CNG 母站的来气会先经过滤器过滤后再进入干燥撬进行净化脱水处理。某日，工作人员发现卧式脱水过滤器单元中，汇管前的流量计 FIQ1102 读数降为 1000m³/h，该流量计正常读数为 4000m³/h，通过这个现象工作人员判断该流量计前的过滤器堵塞严重，请在不影响下游各单元正常运行的情况下，对该过滤器进行清洗，并重新投用。

任务学习单

任务名称		汇管前过滤器堵塞事故处理
任务学习目标	知识目标	• 掌握过滤器堵塞事故的判断方法 • 掌握母站过滤器堵塞事故处理原则
	能力目标	• 能正确制定过滤器堵塞事故处理步骤 • 能正确进行过滤器堵塞事故处理操作
	素质目标	• 培养分析和解决问题的能力 • 养成细心和严谨的学习态度和工作态度
任务完成时间		8 学时
任务完成环境		天然气管输实训室
任务工具		对讲机、电池、手套、安全帽、虚拟化工仿真系统、工艺流程图、螺丝刀、扳手
完成任务所需知识和能力		• 过滤器的结构 • 过滤器的清洗方法 • 过滤器堵塞事故处理原则 • 阀门的操作方法
任务要求		• 两个人配合完成过滤器堵塞事故处理操作，并要求每个人都能胜任内操和外操的相关操作 • 能对操作过程中出现的问题进行分析并解决
任务重点	知识	• CNG 母站卧式脱水过滤器单元工艺流程 • 过滤器的结构和清洗方法
	技能	• 过滤器堵塞事故处理原则和操作
任务结果		过滤器清洗后重新投用，流量计 FIQ1102 读数恢复 4000m³/h，备用过滤器及其旁路均关闭，整体流程处于正常运行状态

知识链接

一、过滤器

1. 过滤器使用中的检查

① 检查过滤器的压力、温度、流量，查看是否在过滤器所要求的允许范围内。

② 检查过滤器的压差，注意及时记录过滤器压力、温度及差压值。

③ 如果过滤器前后差压达到报警极限，应立即切换备用过滤器，停运事故过滤器，按排污操作规程先将设备进行放空降压，然后打开排污阀排污，注意倾听管内流动声音，一旦有气流声，马上关闭排污阀。继续放空或排污，压力降为零后，打开快开盲板更换滤芯。

2. 过滤器的排污操作

（1）过滤器排污前的准备工作

① 排污前先向有关部门及有关领导申请，得到批准后方可实施排污作业。

② 观察排污管地面管段的牢固情况。

③ 准备安全警示牌、可燃气体检测仪、隔离警示带等。

④ 检查过滤器区域及排污罐放空区域的周边情况，杜绝一切火种火源。

⑤ 排污罐放空区周围 50m 内设置隔离警示带和安全警示牌，禁止一切闲杂人员入内。

⑥ 检查、核实排污罐液位高度。

⑦ 准备相关的工具。

（2）过滤器排污操作

① 关闭过滤器的上下游球阀。

② 缓慢开启过滤器的放空阀，使过滤器内压力降到约 0.2MPa。

③ 缓慢打开阀套式排污阀。

④ 操作阀套式排污阀时，要用耳仔细听阀内流体声音，判断排放的是液体还是气体，一旦听到气流声，立即关闭阀套式排污阀。

⑤ 同时安排人员打开排污罐的放空阀，并观察放空立管喷出气体的颜色，以判断是否有粉尘。

⑥ 待排污罐液面稳定后，记录排污罐液面高度；出现大量粉尘时，应注意控制排放速度，同时取少量粉尘试样，留作分析；最后按规定作好记录。

⑦ 恢复过滤器工艺流程。

⑧ 重复以上步骤，对其他各路过滤器进行离线排污。

⑨ 排污完成后再次检查各阀门状态是否正确。

⑩ 整理工具和收拾现场。

⑪ 向有关部门汇报排污操作的具体时间和排污结果。

（3）注意事项

① 开启阀套式排污阀应缓慢平稳，阀的开度要适中。

② 一旦听到气流声音，应快速关闭过滤器阀套式排污阀，避免天然气冲击波动。

③ 设备区、排污罐附近严禁一切火种。

④ 作好排污记录，以便分析输气管内天然气气质和确定排污周期。

（4）排污周期的确定

① 观察站场过滤器液位计，根据液位计的显示值来确定排污周期。

② 根据日常排污记录，先确定一个时间较短的排污周期；观察该周期内的排污量，调整排污周期（延长或缩短排污周期），最终确定一个合理的排污周期。

③ 在确保天然气气质的条件下，为减少阀的损坏，可适当延长排污周期。

二、汇管前过滤器堵塞事故处理原则说明

出现堵塞的过滤器是卧式脱水过滤器单元中，汇管前的过滤器，该过滤器前设置有球阀，过滤器后设置有流量计和截止阀。流程中汇管前过滤器并联有三支路，一路为正常工作的过滤器，一路为备用过滤器，还有一路为旁路管线。

由于设置有备用过滤器，因此过滤器堵塞时，不需要停车处理。应先打开备用过滤器支路，然后切断正常工作的过滤器支路，将过滤器拆下清洗，清洗结束后，将过滤器安装回管路，投用正常工作的过滤器支路，最后切断备用过滤器支路。整个处理过程应保证天然气的输送不中断。

任务实施

一、任务准备

根据过滤器堵塞事故处理原则制定过滤器堵塞事故处理操作步骤。

二、任务实施步骤

表 2-2-4-1 列出了汇管前过滤器堵塞事故处理步骤。

表 2-2-4-1　汇管前过滤器堵塞事故处理步骤

操作对象描述	操作对象位号
① 打开手阀 XV-1107	XV-1107
② 打开手阀 XV-1110	XV-1110
③ 关闭手阀 XV-1105	XV-1105
④ 关闭手阀 XV-1108	XV-1108
⑤ 通知维修人员进行维修	
⑥ 打开过滤器排污阀，将压力排净	
⑦ 打开过滤器上盲板，将滤芯取出，清洗滤芯	
⑧ 将滤芯重新安装，并安装上过滤器盲板	
⑨ 通知内操人员维修完毕	
⑩ 打开手阀 XV-1105	XV-1105
⑪ 打开手阀 XV-1108	XV-1108

任务学习成果

① 每位同学都能熟练掌握过滤器堵塞事故处理操作步骤；
② 能任意两人配合完成过滤器堵塞事故处理操作；
③ 每位同学都能独立胜任内操和外操岗位的操作。

任务测评标准

测评项目：过滤器堵塞事故处理。

测评标准：过滤器堵塞事故处理操作考核评分标准见表 2-2-4-2。

表 2-2-4-2　过滤器堵塞事故处理操作考核表

测评内容	分值	要求及评分标准	扣分	得分	测评记录
步骤汇报	10	以小组为单位汇报过滤器堵塞事故处理操作步骤，要求熟练掌握步骤，能准确快速找出教师任意指出的阀门位置			
准备工作	10	检查和恢复所有阀门至该任务的初始状态，检查压缩机、干燥撬的初始状态，检查协调对讲机			
基本操作	50	按正确的操作步骤进行过滤器堵塞事故处理操作，以最终操作平台得分计			
文明作业	10	① 着装整齐，文明操作，遵守纪律 ② 操作过程配合默契，无吵闹现象 ③ 操作结束后将所使用工具摆放整齐，确保实训现场整洁			
特殊情况处理	10	对考核过程中出现的临时情况，比如阀门接触不好、阀门打不开等问题能进行正确判断和处理			
时限	10	① 操作步骤汇报时间控制在 3min 内，每超出 10s 扣 1 分；超时 30s 停止汇报，不计成绩 ② 整个操作时间控制在 3min 内完成，每超出 10s 扣 1 分；超时 30s 停止操作，未完成步骤不计成绩			
合计					

任务拓展与巩固训练

对实训场地的过滤器进行清洗检修。

模块三
天然气液化工厂 >>>

天然气液化工厂是生产LNG的场所，其主要生产流程是将来自气田的管道天然气（NG）作为原料依次进行过滤，脱出酸、水、汞、氮、重烃等杂质后经过深冷工艺液化为LNG储存以待外运或调峰使用。

本模块中重点的工艺涉及双塔胺液吸收解吸脱酸工艺，双塔分子筛吸附解吸脱水脱汞工艺，双塔减压深冷精馏法脱氮工艺，液化工艺为 C_3 预冷MRC。涉及的关键设备有卧式分离器、活性炭过滤器、Y型往复式压缩机、螺杆压缩机、低温介质离心泵、产品换热器、精馏塔、产品换热器（冷箱）、重烃分离器等。

本模块是依托国内实际天然气液化工厂为原型校企合作开发的电气仿真半实体化的实训装置。拥有在线、离线仿真两套教学系统，可以实现生产LNG所涉及的全部工艺设备实际操作、工厂多发事故应急处置的单元实训教学。

作为生产性实训课程，理论学习密切联系生产实际，以培养油气储运专业燃气就业方向的学生，掌握天然气液化工厂一线操作（外操检修、内操DCS）、一线生产管理、HSE管理，并能初步掌握天然气液化工厂中常见设备、常见工艺流程及主要操作，最终匹配本专业高素质技术技能人才的培养目标，拓展学生分析和解决实际工作中技术问题的能力。

M3-1 天然气液
化工厂仿真系统
介绍

项目一 天然气净化工艺

项目导读

天然气净化工艺包括过滤计量单元、脱酸单元、脱水脱汞单元。

过滤计量单元负责接收上游天然气长输管道来气（LNG 工厂原料气），并进行处理，包括过滤、计量、脱水（粗）。为平稳向脱酸工艺单元提供原料净化气，请完成该工艺单元的开停车操作，以及重点设备卧式过滤器的启停运操作。

脱酸单元为双塔胺液吸收解吸脱酸工艺，过滤后的原料气经过吸收塔和贫液接触，脱出酸气后经闪蒸罐去往分子筛脱水单元；富液经过再沸器和解吸塔再生循环。请完成该工艺单元的开停车操作，以及胺液循环泵、回流泵的启停、切换操作。

脱水脱汞单元为双塔分子筛吸附解吸脱水脱汞工艺，原料气经过吸附塔 A、B 中的一个，吸附床层吸附饱和后，切换流程，该塔实现解吸，另一个塔开始吸附，在规定工艺时间内循环切换，实现吸附和解吸操作。解吸需要的冷吹气来自 BOG 单元，热吹气来自再生气加热炉。请完成该工艺单元的开停车操作。

项目学习单

项目名称		天然气净化工艺	
项目学习目标	知识目标	• 掌握天然气净化工艺的整体工艺要求 • 掌握过滤计量单元工艺流程 • 掌握脱酸单元工艺流程 • 掌握脱水脱汞单元工艺流程	
	能力目标	• 能正确进行各单元开停车操作 • 能熟练进行卧式分离器启停运操作 • 能熟练进行胺液离心泵操作	
	素质目标	• 锻炼团队协作能力 • 形成严格的规范操作意识 • 形成责任意识和安全工作态度	
学时		15	任务学时
工作任务	任务 1	过滤计量单元开停车操作	2
	任务 2	卧式分离器启停运操作	1
	任务 3	脱酸单元开车操作	4
	任务 4	胺液循环泵启运、切换及回流泵停运	2
	任务 5	脱水脱汞单元开停车操作	6

任务 1　过滤计量单元开停车操作

任务说明

接收并计量（600m³/h）某主干天然气管道来气（4.5MPa，45℃），将管道气作为LNG工厂生产的原料气，经过滤计量后（4.38MPa，45℃）进脱酸单元。

任务学习单

任务名称		过滤计量单元开停车操作
任务学习目标	知识目标	• 掌握上游主干管线进站气质要求 • 掌握气体过滤器、卧式分离器的工作原理
	能力目标	• 能根据工艺流程熟练制定本单元开停车的步骤 • 能正确进行本单元开停车操作
	素质目标	• 形成团队合作意识 • 能解决在合作操作过程中遇到的各种问题
任务完成时间		2 学时
任务完成环境		天然气储运实训基地
任务工具		安全防护用品、绝缘手套、铜制扳手、250mm扳手、试电笔、记录本、笔、对讲机、虚拟仿真系统、工艺流程图、螺丝刀、扳手
完成任务所需知识和能力		• 工厂进厂要求及注意事项 • 掌握相关专业规定：低温介质作业规定、高空及受限空间作业规定 • 工厂原料天然气各项指标 • 阀门操作方法 • 过滤、计量工艺流程
任务要求		• 四个人配合完成启停运的操作，并要求每个人都能胜任内操和外操的相关操作 • 能对操作过程中出现的问题进行分析并解决
任务重点	知识	• 本单元工艺流程 • 过滤器的结构和原理
	技能	• 阀门、重点设备的操作及故障处理 • 对讲机的使用
任务结果		开停车流程运行正常，仿真平台系统评分90分以上

知识链接

液化天然气过滤单元主要设备是过滤器，是输送介质管道上不可缺少的一种装置。通常安装在减压阀、泄压阀、定位阀或其他设备的液化气端，用来消除介质中的杂质，以保护阀门及设备的正常使用，减少设备维护费用。当流体进入置有滤芯的过滤器后，其杂质被滤芯阻挡，而清洁的过滤气体则由出口排出，当需要清洗时，只要把滤筒拆开，将滤芯取出，清洗后重新装入即可，因此使用维护极为方便。

任务实施

一、任务准备

以小组为单位制定过滤计量单元开停车操作。

二、任务实施步骤

1. 在线仿真培训系统应用步骤

① 依次启动登录仿真系统确定各岗位角色人员分配：教师端（教师）、中控端（内操员1人）、三维场景交互端（外操员1人）、学生端（内操员1人）、现场端（外操员1人）。

② 教师端打开"培训大厅"窗口，完善信息后，将任务下发至学生端。

③ 学生端对任务操作进行初始化确认，选择安全防护用品和工具后内外操作员配合，依据制定的操作步骤实施任务。

2. 过滤计量单元开停车操作步骤

表 3-1-1-1 列出了过滤计量单元开车操作步骤。表 3-1-1-2 列出了过滤计量单元停车操作步骤。

表 3-1-1-1　过滤计量单元开车操作步骤

操作对象描述	操作对象位号
确认装置区安全设备设施配备到位	
确认压力表、安全阀良好	
确认压力截断阀已全部打开	
确认装置区各阀门通信、动作正常	
确认中控室各在线仪表正常，与现场仪表显示一致	
确认各盲板已拆除	
确认各路工艺管线畅通信，连接状态正确	
确认各个阀门的开关状态	
打开原料气过滤器进口阀 Z1002	Z1002
打开原料气过滤器出口阀 Z1003	Z1003
确认差压表 PDI1001 数值小于 0.1MPa	PDI1001
打开计量管线进口阀 Z1006	Z1006
打开计量管线出口阀 Z1008	Z1008
缓慢打开进口阀 Z1012	Z1012
确认筒体压力表 PIT1005 压力指示升高至 4MPa	PIT1005

操作对象描述	操作对象位号
全开进口阀 Z1012	Z1012
缓慢打开出口阀 Z1014	Z1014
保证筒体压力表 PIT1005 压力显示平稳	PIT1005
全开出口阀 Z1014	Z1014
保证差压表 PDI1002 数值始终小于 0.08MPa	PDI1002
确认流程工作正常，向中控室汇报	

表 3-1-1-2　过滤计量单元停车操作步骤

操作对象描述	操作对象位号
确认装置区安全设备设施配备到位	
确认单元装置运行正常	
关闭原料气过滤器进口阀 Z1002	Z1002
关闭卧式过滤器出口阀 Z1014	Z1014
缓慢开启卧式过滤器手动放空阀 Q1003	Q1003
确认卧式过滤器筒体压力表 PIT1005 压力显示已降至 0.2MPa 左右	PIT1005
关闭卧式过滤器手动放空阀 Q1003	Q1003
关闭原料气过滤器出口阀 Z1003	Z1003
打开原料气过滤器排污阀 Z1004	Z1004
仔细听排污阀 Z1004 内流体声音，一旦听到气流声，立即关闭排污阀 Z1004	Z1004
打开卧式过滤器排污阀 Z1013	Z1013
观察卧式过滤器液位计 LIT1001 数值下降为零	LIT1001
仔细听排污阀 Z1013 内流体声音，一旦听到气流声，立即关闭排污阀 Z1013	Z1013
关闭阀门 Z1006	Z1006
关闭阀门 Z1008	Z1008
关闭卧式过滤器进口阀 Z1012	Z1012
向调控中心汇报排污操作的具体时间和排污结果	

任务学习成果

① 每位同学都能熟练掌握开车操作步骤；
② 能任意 4 人配合完成开停车操作；
③ 每位同学都能独立胜任内操和外操岗位的操作。

任务测评标准

测评项目：过滤计量单元开停车操作。

测评标准：过滤计量单元开停车操作考核评分标准见表 3-1-1-3。

表 3-1-1-3　过滤计量单元开停车操作考核表

测评内容	分值	要求及评分标准	扣分	得分	测评记录
步骤汇报	20	以小组为单位汇报开停车操作步骤，要求熟练掌握步骤，能准确快速找出教师任意指出的阀门位置			
准备工作	10	检查和恢复所有阀门至初始状态，检查设备的初始状态，检查协调对讲机			
基本操作	40	① 按正确的操作步骤进行开停车 ② 正确判断阀门的开关方向，切忌用力过大损坏阀门和设备			
文明作业	10	① 着装整齐，文明操作，遵守纪律 ② 操作过程配合默契，无吵闹现象 ③ 操作结束后将所使用工具摆放整齐，确保实训现场整洁			
特殊情况处理	10	对考核过程中出现的临时情况，比如阀门接触不好、阀门打不开等问题能进行正确判断和处理			
时限	10	① 操作步骤汇报时间控制在 10min 内，超时 1min 停止汇报，不计成绩 ② 整个操作时间控制在 10min 内完成，超时 1min 停止操作，不计成绩			
合计					

任务拓展与巩固训练

本单元过滤器的类型及其流程特点分别是什么，体现在我们实训装置流程中是怎样的？

任务 2　卧式分离器启停运操作

任务说明

正确进行本过滤计量单元中，卧式分离器的启停操作，将原料气中的污液排出，处理后的天然气送入下一工序。

任务学习单

任务名称		卧式分离器启停运操作
任务学习目标	知识目标	• 掌握卧式分离器的结构及工作原理
	能力目标	• 配合本单元开停车，正确完成卧式分离器的启停运操作
	素质目标	• 形成团队合作意识 • 能解决在合作操作过程中遇到的各种问题
任务完成时间		1 学时
任务完成环境		天然气储运实训基地
任务工具		安全防护用品、绝缘手套、铜制扳手、250mm 扳手、试电笔、记录本、笔、对讲机、虚拟仿真系统、工艺流程图、螺丝刀、扳手
完成任务所需知识和能力		• 阀门操作方法，液位计的计量 • 分离工艺原理
任务要求		• 三个人配合完成开停车的操作，并要求每个人都能胜任内操和外操的相关操作 • 能对操作过程中出现的问题进行分析并解决
任务重点	知识	• 分离器结构和原理
	技能	• 阀门的操作及故障处理 • 对讲机的使用
任务结果		启停运行正常，仿真平台系统评分 90 分以上

一、分离器

气液分离器采用的分离结构很多，其分离方法有重力沉降、折流分离、离心力分离、丝网分离、超滤分离、填料分离等。

M3-2　气液
分离器

二、过滤器

活性炭过滤器的工作是通过炭床来完成的。组成炭床的活性炭颗粒有非常多的微孔和巨大的比表面积，具有很强的物理吸附能力。水通过炭床，水中有机污染物被活性炭有效地吸附。此外活性炭表面非结晶部分上有一些含氧官能团，使通过炭床的水中有机污染物被活性炭有效地吸附。

M3-3　活性炭
过滤器

任务实施

一、任务准备

以小组为单位制定卧式过滤器启停运操作。

二、任务实施步骤

表 3-1-2-1 和表 3-1-2-2 分别列出了卧式分离器启动、停运操作步骤。

表 3-1-2-1　卧式分离器启运操作步骤

确认进口阀 Z1012 处于关闭状态	Z1012
确认出口阀 Z1014 处于关闭状态	Z1014
确认放空截断阀 Q1002 处于打开状态	Q1002
确认筒体压力表 PIT1005 数值为零	PIT1005
确认设备和人身安全	
确认差压表 PDI1002 数值为零	PDI1002
确认液位计 LIT1001 数值为零	LIT1001
确认分离器底部排污阀 Z1013 是否完好	Z1013
缓慢打开进口阀 Z1012	Z1012
确认筒体压力表 PIT1005 压力显示升高至 4MPa	PIT1005
全开进口阀门 Z1012	Z1012
缓慢打开出口阀 Z1014	Z1014
保证筒体压力压力表 PIT1005 压力显示平稳	PIT1005
全开出口阀 Z1014	Z1014
保证差压表 PDI1002 数值始终小于 0.08MPa	PDI1002

表 3-1-2-2　卧式分离器停运操作步骤

操作对象描述	操作对象位号
确认进口阀 Z1012 处于开启状态	Z1012
确认出口阀 Z1014 处于开启状态	Z1014
确认放空截断阀 Q1002 处于打开状态	Q1002
确认手动放空阀 Q1003 处于关闭状态	Q1003
确认设备运行正常和人身安全	
关闭进口阀 Z1012	Z1012
关闭出口阀 Z1014	Z1014
缓慢开启手动放空阀 Q1003	Q1003
确认筒体压力表 PIT1005 压力显示已降至 0.2MPa 左右	PIT1005
关闭手动放空阀 Q1003	Q1003
打开排污阀 Z1013	Z013
观察液位计 LIT1001 数值下降为零	LIT1001
仔细听阀内流体声音，一旦听到气流声，立即关闭排污阀 Z1013	Z1013
向调控中心汇报排污操作的具体时间和排污结果	

任务学习成果

① 每位同学都能熟练掌握分离器的结构和工作原理；
② 能任意 4 人配合完成启停操作；
③ 每位同学都能独立胜任内操和外操岗位的操作。

任务测评标准

测评项目：卧式分离器启停运操作。

测评标准：卧式分离器启停运操作考核评分标准见表 3-1-2-3。

表 3-1-2-3　卧式分离器启停运操作考核表

测评内容	分值	要求及评分标准	扣分	得分	测评记录
步骤汇报	20	以小组为单位汇报启停运操作步骤，要求熟练掌握步骤，能准确快速找出教师任意指出的阀门位置			
准备工作	10	检查和恢复所有阀门至初始状态，检查设备的初始状态，检查协调对讲机			
基本操作	40	① 按正确的操作步骤进行启停运 ② 正确判断阀门的开关方向，切忌用力过大损坏阀门和设备			

测评内容	分值	要求及评分标准	扣分	得分	测评记录
文明作业	10	① 着装整齐，文明操作，遵守纪律 ② 操作过程配合默契，无吵闹现象 ③ 操作结束后将所使用工具摆放整齐，确保实训现场整洁			
特殊情况处理	10	对考核过程中出现的临时情况，比如阀门接触不好、阀门打不开等问题能进行正确判断和处理			
时限	10	① 操作步骤汇报时间控制在 10min 内，超时 1min 停止汇报，不计成绩 ② 整个操作时间控制在 10min 内完成，超时 1min 停止操作，不计成绩			
合计					

任务拓展与巩固训练

本单元卧式分离器如何更换滤芯。

任务 3　脱酸单元开停车操作

任务说明

经分离预处理的原料气（4.38MPa，45℃）进 T-0301 吸收塔脱出酸气后送入（4.27MPa，34℃）脱水单元，醇胺溶液在 T-0302 塔中解吸后再循环。

M3-4　天然气
脱酸

任务学习单

任务名称		脱酸单元开停车操作
任务学习目标	知识目标	• 掌握脱酸工艺原理 • 掌握塔器、再沸器、闪蒸罐、换热器的结构
	能力目标	• 能根据工艺流程熟练制定本单元开停车的步骤 • 能正确进行本单元开停车操作
	素质目标	• 形成团队合作意识 • 能解决在合作操作过程中遇到的各种问题
任务完成时间		4 学时
任务完成环境		天然气储运实训基地
任务工具		安全防护用品、绝缘手套、铜制扳手、250mm 扳手、试电笔、记录本、笔、对讲机、虚拟仿真系统、工艺流程图、螺丝刀、扳手
完成任务所需知识和能力		• 工厂进厂要求及注意事项 • 掌握相关专业规定：低温介质作业规定、高空及受限空间作业规定 • 脱酸工艺流程
任务要求		• 五个人配合完成开停车操作，并要求每个人都能胜任内操和外操的相关操作 • 能对操作过程中出现的问题进行分析并解决
任务重点	知识	• 本单元工艺流程 • 重点设备的结构和原理
	技能	• 阀门、重点设备的操作及故障处理 • 对讲机的使用
任务结果		开停车流程运行正常，仿真平台系统评分 90 分以上

知识链接

1. 板式塔

板式塔是一类用于气液系统或液液系统的分级接触传质设备，由圆筒形塔体和按一定间距水平装置在塔内的若干塔板组成。广泛应用于精馏和吸收，有些类型（如筛板塔）也用于萃取，还可作为反应器用于气液相反应过程。操作时（以气液系统为例），液体在重力作用下，自上而下依次流过各层塔板，至塔底排出；气体在压力差推动下，自下而上依次穿过各层塔板，至塔顶排出。每块塔板上保持着一定深度的液层，气体通过塔板分散到液层中去，进行相际接触传质。

2. 填料塔

填料塔是指流体阻力小，适用于气体处理量大而液体量小的过程。液体沿填料表面自上向下流动，气体与液体成逆流或并流，视具体反应而定。填料塔内存液量较小。无论气相或液相，其在塔内的流动类型均接近于活塞流。若反应过程中有固相生成，不宜采用填料塔。填料塔在塔内充填各种形状的填充物（称为填料），使液体沿填料表面流动形成液膜，分散在连续流动的气体之中，气液两相接触面在填料的液膜表面上，它属膜状接触设备。

填料塔以填料作为气、液接触和传质的基本构件，液体在填料表面呈膜状自上而下流动，气体呈连续相自下而上与液体作递向流动，并进行气、液两相间的传质和传热。两相的组分浓度和温度沿塔高连续变化。填料塔属于微分接触型的气、液传质设备。其是化工生产中常用的一类传质设备。主要由圆柱形的塔体和堆放在塔内的填料（各种形状的固体物，用于增加两相流体间的面积，增强两相间的传质）等组成。用于吸收、蒸馏、萃取等。

3. 闪蒸罐

闪蒸作用就是高压的饱和水进入比较低压的容器中后由于压力的突然降低使这些饱和水变成一部分的容器压力下的饱和水蒸气和饱和水。物质的沸点是随压力增大而升高，随压力降低而降低。这样就可以让高压高温流体经过减压，使其沸点降低，进入闪蒸罐。这时，流体温度高于该压力下的沸点。流体在闪蒸罐中迅速沸腾气化，并进行两相分离。使流体达到气化的设备不是闪蒸罐，而是减压阀。闪蒸罐的作用是提供流体迅速气化和汽液分离的空间。

4. 重沸器

再沸器（也称重沸器）是使液体再一次气化。它的结构与冷凝器差不多，不过一种是用来降温，而再沸器是用来升温气化。

再沸器多与分馏塔合用：再沸器是一个能够交换热量，同时有气化空间的一种特殊换热器。在再沸器中的物料液位和分馏塔液位在同一高度。从塔底线提供液相进入到再沸器中。通常在再沸器中有 25% ~ 30% 的液相被气化。被气化的两相流被送回到分馏塔中，返回塔中的气相组分向上通过塔盘，而液相组分掉回到塔底。

物料在重沸器受热膨胀甚至气化，密度变小，从而离开气化空间，顺利返回到塔里，返回塔中的气液两相，气相向上通过塔盘，而液相会掉落到塔底。由于静压差的作用，塔底将会不断补充被蒸发掉的那部分液位。其特点有：

① 总传热系数是碳钢、不锈钢列管式换热器的 2 倍以上；

② 耐温耐压高；

③ 因自身全圆弧柔性过度结构，对流体实现变截面流动，形成正压差和负压差，自除垢、防垢能力非常强；

④ 管壁薄（0.8 ~ 1.0mm），自身波纹结构无应力，无温度梯度，流体温度几乎瞬间均一；

⑤ 压降小；

⑥ 应力分布均匀，不出现拉裂变；

⑦ 换热管束可拆卸、抽出、维修和清洗；

⑧ 换热面积是同等条件下碳钢、不锈钢的 60% 即可充分满足工况条件。

任务实施

一、任务准备

以小组为单位制定脱酸单元开停车操作。

二、任务实施步骤

表 3-1-3-1 和表 3-1-3-2 分别列出了脱酸单元开车、停车操作步骤。

表 3-1-3-1　脱酸单元开车操作步骤

操作对象描述	操作对象位号
确认现场具备开车条件	
打开吸收塔底部出口阀 Z2011	Z2011
将吸收塔富液出口阀 LV2002 设置为 50%，投入自动控制	LV2002
打开一级机械过滤器进口 Z2015	Z2015
打开一级机械过滤器出口阀 Z2017	Z2017
打开活性炭过滤器进口阀 Z2020	Z2020
打开活性炭过滤器出口阀 Z2022	Z2022
打开二级机械过滤器进口阀 Z2025	Z2025
打开二级机械过滤器出口阀 Z2027	Z2027
打开贫富液换热器富液进口阀 Z2030	Z2030
打开贫富液换热器富液出口阀 Z2032	Z2032
将再生塔富液进口阀 LV2006 设置为 50%，投入自动控制	LV2006
打开再生塔富液进口阀 Z2033	Z2033
打开回流空冷器进口阀 J2003	J2003
打开回流空冷器出口阀 J2004	J2004
将再生塔回流富液进口阀 LV2003 设置为 50%，投入自动控制	LV2003
打开重沸器热煤油进口阀 Z2042	Z2042
打开重沸器热煤油出口阀 Z2043	Z2043
确认热煤油循环已导通	

操作对象描述	操作对象位号
打开贫富液换热器贫液出口阀 Z2044	Z2044
将贫富液换热器贫液出口阀 LV2004 设置为 50%，投入自动控制	LV2004
打开贫液空冷器进口阀 J2008	J2008
打开贫液空冷器出口阀 J2009	J2009
将吸收塔贫液进口阀 LV2005 设置为 50%，投入自动控制	LV2005
打开吸收塔贫液进口阀 Z2051	Z2051
对 MDEA 回流泵 P-0301A 进行盘车 2 ~ 3 圈，确认无卡阻	
打开 MDEA 回流泵进口阀 Z2037 进行灌泵	Z2037
通知电工班送电，并通知中控室对泵进行复位	
现场确认具备启泵条件后，按下电气控制按钮启动 MDEA 回流泵 P-0301A	
确认机泵无异响	
通知中控室后，缓慢打开泵出口阀门 Z2038	Z2038
观察出口压力表 PIT2017 压力显示为 0.3 ~ 0.5MPa	PIT2017
确认泵出口阀 Z2038 全开	Z2038
确认压力表 PIT2017 数值无波动	PIT2017
确认 MDEA 回流泵正常运转无异常	
通知中控室及电工班启动完毕	
对胺液循环泵进行盘车 2 ~ 3 圈，确认无卡阻	
打开胺液循环泵进口阀 Z2048 进行灌泵	Z2048
通知电工班送电，并通知中控室对泵进行复位	
现场确认具备启泵条件后，按下电气控制按钮启动胺液循环泵 P-0302A	
确认机泵无异响	
通知中控室后，缓慢打开泵出口阀门 J2006	J2006
观察出口压力表 PIT2025 压力显示	PIT2025
确认泵出口阀 J2006 全开	J2006
确认压力表 PIT2025 数值无波动	PIT2025
确认胺液循环泵正常运转无异常	

操作对象描述	操作对象位号
通知中控室及电工班启动完毕	
确认胺液循环系统已导通	
打开 BOG/ 天然气换热器 BOG 进口阀 Z2006	Z2006
打开 BOG/ 天然气换热器 BOG 出口阀 Z2007	Z2007
打开 BOG/ 天然气换热器天然气进口阀 Z2002	Z2002
打开 BOG/ 天然气换热器天然气出口阀 Z2003	Z2003
将塔顶分离器排液阀 LV2001 设置为 50%，投入自动控制	LV2001
打开吸收塔天然气进口阀 Z2053	Z2053
打开塔顶分离器手动放空阀 Q2005	Q2005
确认 CO_2 含量分析仪显示数值在正常范围内	
打开塔顶分离器天然气出口阀 Z2005	Z2005
关闭塔顶分离器手动放空阀 Q2005	Q2005
确认流程工作正常，向中控室汇报	

表 3-1-3-2　脱酸单元停车操作步骤

操作对象描述	操作对象位号
确认现场流程处于正常运行状态	
关闭吸收塔天然气进口阀 Z2053	Z2053
关闭 BOG/ 天然气换热器天然气进口阀 Z2002	Z2002
关闭 BOG/ 天然气换热器天然气出口阀 Z2003	Z2003
关闭塔顶分离器天然气出口阀 Z2005	Z2005
关闭 BOG/ 天然气换热器 BOG 进口阀 Z2006	Z2006
关闭 BOG/ 天然气换热器 BOG 出口阀 Z2007	Z2007
通知中控室及电工班准备停 MDEA 回流泵	
缓慢关闭 MDEA 回流泵出口阀 Z2038	Z2038
按下电气控制按钮停止循环泵运转	
关闭 MDEA 回流泵进口阀 Z2037	Z2037
确认泵停运，并通知中控室及电工班停机完毕	

操作对象描述	操作对象位号
通知中控室及电工班准备停胺液循环泵	
缓慢关闭胺液循环泵出口阀 J2006	J2006
按下电气控制按钮停止循环泵运转	
关闭胺液循环泵进口阀 Z2048	Z2048
确认泵停运，并通知中控室及电工班停机完毕	
关闭吸收塔底部出口阀 Z2011	Z2011
关闭一级机械过滤器进口阀 Z2015	Z2015
关闭一级机械过滤器出口阀 Z2017	Z2017
关闭活性炭过滤器进口阀 Z2020	Z2020
关闭活性炭过滤器出口阀 Z2022	Z2022
关闭二级机械过滤器进口阀 Z2025	Z2025
关闭二级机械过滤器出口阀 Z2027	Z2027
关闭贫富液换热器富液进口阀 Z2030	Z2030
关闭贫富液换热器富液出口阀 Z2032	Z2032
关闭再生塔富液进口阀 Z2033	Z2033
关闭回流空冷器进口阀 J2003	J2003
关闭回流空冷器出口阀 J2004	J2004
关闭重沸器热煤油进口阀 Z2042	Z2042
关闭重沸器热煤油出口阀 Z2043	Z2043
确认热煤油循环已关闭	
关闭贫富液换热器贫液出口阀 Z2044	Z2044
关闭贫液空冷器进口阀 J2008	J2008
关闭贫液空冷器出口阀 J2009	J2009
关闭吸收塔贫液进口阀 Z2051	Z2051
关闭塔顶分离器排液阀 LV2001	LV2001
关闭吸收塔富液出口阀 LV2002	LV2002
关闭再生塔回流富液进口阀 LV2003	LV2003
关闭贫富液换热器贫液出口阀 LV2004	LV2004

操作对象描述	操作对象位号
关闭吸收塔贫液进口阀 LV2005	LV2005
关闭再生塔富液进口阀 LV2006	LV2006
确认单元已正常停车，做好记录，向中控室汇报	

任务学习成果

① 每位同学都能熟练掌握双塔脱酸的工艺原理和重点设备的结构；

② 能任意 5 人配合完成开停车操作；

③ 每位同学都能独立胜任内操和外操岗位的操作。

任务测评标准

测评项目：脱酸单元开停车操作。

测评标准：脱酸单元开停车操作考核评分标准见表 3-1-3-3。

表 3-1-3-3　脱酸单元开停车操作考核表

测评内容	分值	要求及评分标准	扣分	得分	测评记录
步骤汇报	20	以小组为单位汇报启停运操作步骤，要求熟练掌握步骤，能准确快速找出教师任意指出的阀门、设备位置			
准备工作	10	检查和恢复所有阀门至初始状态，检查设备的初始状态，检查协调对讲机			
基本操作	40	① 按正确的操作步骤进行启停运 ② 正确判断阀门的开关方向，切忌用力过大损坏阀门和设备			
文明作业	10	① 着装整齐，文明操作，遵守纪律 ② 操作过程配合默契，无吵闹现象 ③ 操作结束后将所使用工具摆放整齐，确保实训现场整洁			
特殊情况处理	10	对考核过程中出现的临时情况，比如阀门接触不好、阀门打不开等问题能进行正确判断和处理			
时限	10	① 操作步骤汇报时间控制在 10min 内，超时 1min 停止汇报，不计成绩 ② 整个操作时间控制在 10min 内完成，超时 1min 停止操作，不计成绩			
合计					

任务拓展与巩固训练

分析本单元脱酸用溶液的优缺点，还可以选择应用其他哪些类型溶液？

任务 4 胺液循环泵启运、切换及回流泵停运操作

任务说明

正确操作胺液循环和回流离心泵的启停。

任务学习单

任务名称		胺液循环泵启运、切换及回流泵停运操作
任务学习目标	知识目标	• 掌握离心泵结构和工作原理
	能力目标	• 能根据工艺流程熟练制定泵的启停、切换步骤 • 能正确进行泵的启停、切换操作
	素质目标	• 形成团队合作意识 • 能解决在合作操作过程中遇到的各种问题
任务完成时间		2 学时
任务完成环境		天然气储运实训基地
任务工具		安全防护用品、绝缘手套、铜制扳手、250mm 扳手、试电笔、记录本、笔、对讲机、虚拟仿真系统、工艺流程图、螺丝刀、扳手
完成任务所需知识和能力		• 工厂进厂要求及注意事项 • 掌握相关专业规定：低温介质作业规定、高空及受限空间作业规定 • 离心泵结构
任务要求		• 四个人配合完成启停运的操作，并要求每个人都能胜任内操和外操的相关操作 • 能对操作过程中出现的问题进行分析并解决
任务重点	知识	• 本单元工艺流程中胺液循环泵和回流泵的作用
	技能	• 循环泵和回流泵的操作及故障处理 • 对讲机的使用
任务结果		启停运流程运行正常，仿真平台系统评分 90 分以上

知识链接

离心泵是一种叶片泵，依靠旋转的叶轮做功。在旋转过程中，由于叶片和液体的相互作用，叶片将机械能传给液体，使液体的压力能增加，达到输送液体的目的。离心泵的启动要注意四点：

① 离心泵在一定转速下所产生的扬程有一限定值。工作点流量和轴功率取决于与泵连接的装置系统的情况（位差、压力差和管路损失）。扬程随流量而改变。

② 工作稳定，输送连续，流量和压力无脉动。

③ 一般无自吸能力，需要将泵先灌满液体或将管路抽成真空后才能开始工作。

④ 离心泵在排出管路阀门关闭状态下启动，旋涡泵和轴流泵在阀门全开状态下启动，以减少启动功率。

M3-5 离心泵

一、任务准备

以小组为单位制定循环泵启运和回流泵的停运、循环泵的切换操作步骤。

二、任务实施步骤

表 3-1-4-1、表 3-1-4-2、表 3-1-4-3 分别列出了胺液循环泵启运、循环泵切换和回流泵停运操作步骤。

表 3-1-4-1　胺液循环泵启运操作步骤

操作对象描述	操作对象位号
检查确认胺液循环泵及其附件正常	
确认胺液循环泵进口阀 Z2048 关闭	Z2048
确认胺液循环泵出口阀 J2006 关闭	J2006
确认胺液循环泵 P0302A 润滑油油位在 1/2 ～ 2/3 处	
确认供电系统正常	
确认仪表系统正常	
确认工艺流程正常	
对泵进行盘车 2 ～ 3 圈，确认无卡阻	
打开胺液循环泵进口阀 Z2048 进行灌泵	Z2048
通知电工班送电，并通知中控室对泵进行复位	
现场确认具备启泵条件后，按下电气控制按钮启动胺液循环泵 P-0302A	
确认机泵无异响，出口压力正常	
通知中控室后，缓慢打开泵出口阀门 J2006	J2006
观察出口压力表 PIT2025 压力显示	PIT2025
确认泵出口阀 J2006 全开	J2006
确认压力表 PIT2025 数值无波动	PIT2025
确认胺液循环泵正常运转无异常	
通知中控室及电工班启动完毕	

表 3-1-4-2　胺液循环泵切换操作步骤

操作对象描述	操作对象位号
检查确认胺液循环泵 P0302A 及其附件运转正常	

操作对象描述	操作对象位号
确认胺液循环泵 P0302A 进口阀 Z2048 开启	Z2048
确认胺液循环泵 P0302A 出口阀 J2006 开启	J2006
确认胺液循环泵 P0302B 进口阀 Z2049 关闭	Z2049
确认胺液循环泵 P0302B 出口阀 J2007 关闭	J2007
确认胺液循环泵 P0302B 润滑油油位在 1/2 ~ 2/3 处	
确认胺液循环泵 P0302B 仪表系统正常	
确认胺液循环泵 P0302B 工艺流程正常	
对胺液循环泵 P0302B 盘泵 2 ~ 3 圈无卡阻现象	
缓慢打开胺液循环泵 P0302B 进口阀 Z2049，灌泵	Z2049
检查确认胺液循环泵 P0302B 供电正常	
通知电工班准备启泵，并通知中控室对泵进行复位	
现场确认具备启泵条件后，按下电气控制按钮启动胺液循环泵 P0302B	
确认机泵无异响	
确认出口压力表 PIT2026 压力显示正常	PIT2026
缓慢打开胺液循环泵 P0302B 出口阀 J2007	J2007
缓慢关闭胺液循环泵 P0302A 出口阀 J2006	J2006
确认胺液循环泵 P0302B 出口阀 J2007 全开	J2007
确认胺液循环泵 P0302A 出口阀 J2006 全关	J2006
确认出口压力表 PIT2026 压力显示正常	PIT2026
确认胺液循环泵 P0302B 运转正常	
按下电气控制按钮停止胺液循环泵 P0302A 运转	
关闭胺液循环泵 P0302A 进口阀 Z2048	Z2048
确认胺液循环泵 P0302A 停止运转	
通知中控室及电工班切换完毕	

表 3-1-4-3　胺液回流泵停运操作步骤

操作对象描述	操作对象位号
检查确认泵及其附件正常	
确认胺液回流泵进口阀 Z2037 开启	Z2037
确认胺液回流泵出口阀 Z2038 开启	Z2038
确认胺液回流泵运转正常	
通知中控室及电工班准备停泵	

操作对象描述	操作对象位号
缓慢关闭胺液回流泵出口阀 Z2038	Z2038
按下电气控制按钮停止胺液循环泵运转	
关闭胺液回流泵进口阀 Z2037	Z2037
确认停止运转，并通知中控室及电工班停机完毕	

任务学习成果

① 每位同学都能熟练掌握胺液循环泵、回流泵在本单元工艺中的作用；

② 能任意 4 人配合完成泵的启停、切换操作；

③ 每位同学都能独立胜任内操和外操岗位的操作。

任务测评标准

测评项目：胺液循环泵启运、切换及回流泵停运操作。

测评标准：胺液循环泵启运、切换及回流泵停运操作考核评分标准见表 3-1-4-4。

表 3-1-4-4　胺液循环泵启运、切换及回流泵停运操作考核表

测评内容	分值	要求及评分标准	扣分	得分	测评记录
步骤汇报	20	以小组为单位汇报启停运、切换操作步骤，要求熟练掌握步骤，能准确快速找出教师任意指出的阀门位置			
准备工作	10	检查和恢复所有阀门至初始状态，检查泵的初始状态，检查协调对讲机			
基本操作	40	① 按正确的操作步骤进行启停运 ② 正确判断阀门的开关方向，切忌用力过大损坏阀门和设备			
文明作业	10	① 着装整齐，文明操作，遵守纪律 ② 操作过程配合默契，无吵闹现象 ③ 操作结束后将所使用工具摆放整齐，确保实训现场整洁			
特殊情况处理	10	对考核过程中出现的临时情况，比如阀门接触不好、阀门打不开等问题能进行正确判断和处理			
时限	10	① 操作步骤汇报时间控制在 10min 内，超时 1min 停止汇报，不计成绩 ② 整个操作时间控制在 10min 内完成，超时 1min 停止操作，不计成绩			
合计					

任务拓展与巩固训练

本单元工艺中为何会用到胺液回流泵。

任务5 脱水脱汞单元开停车操作

任务说明

正确操作 T-0401A/B 两座填料塔，将脱酸单元来气（4.27MPa，34℃）中的水脱出后（4.16MPa，39℃）送入冷箱。

M3-6 天然气
脱水

任务学习单

任务名称		脱水脱汞单元开停车操作
任务学习目标	知识目标	• 掌握脱水脱汞工艺原理 • 掌握塔器、空冷器、再生分离器、机械式过滤器结构
	能力目标	• 能根据工艺流程熟练制定本单元开停车的步骤 • 能正确进行本单元开停车操作
	素质目标	• 形成团队合作意识 • 能解决在合作操作过程中遇到的各种问题
任务完成时间		6 学时
任务完成环境		天然气储运实训基地
任务工具		安全防护用品、绝缘手套、铜制扳手、250mm 扳手、试电笔、记录本、笔、对讲机、虚拟仿真系统、工艺流程图、螺丝刀、扳手
完成任务所需知识和能力		• 工厂进厂要求及注意事项 • 掌握相关专业规定：低温介质作业规定、高空及受限空间作业规定 • 脱水脱汞工艺流程
任务要求		• 五个人配合完成开停车操作，并要求每个人都能胜任内操和外操的相关操作 • 能对操作过程中出现的问题进行分析并解决
任务重点	知识	• 本单元工艺流程 • 重点设备的结构和原理
	技能	• 阀门、重点设备的操作及故障处理 • 对讲机的使用
任务结果		开停车流程运行正常，仿真平台系统评分 90 分以上

知识链接

一、分子筛吸收塔

分子筛是一种人工合成的具有筛选分子作用的水合硅铝酸盐（泡沸石）或天然沸石。其化学通式为（$M_2'M$）$O \cdot Al_2O_3 \cdot xSiO_2 \cdot yH_2O$，$M'$、$M$ 分别为一价、二价阳离子如 K^+、Na^+

M3-7 脱水塔

和 Ca^{2+}、Ba^{2+} 等。它在结构上有许多孔径均匀的孔道和排列整齐的孔穴，不同孔径的分子筛把不同大小和形状分子分开。根据 SiO_2 和 Al_2O_3 的分子比不同，得到不同孔径的分子筛。其型号有：3A（钾 A 型）、4A（钠 A 型）、5A（钙 A 型）、10Z（钙 Z 型）、13Z（钠 Z 型）、Y（钠 Y 型）、钠丝光沸石型等。它的吸附能力强、选择性强、耐高温。广泛用于有机化工和石油化工，也是天然气脱水的优良吸附剂。在气体净化上也日益受到重视。

二、空冷器

空气冷却器的简称，是石油化工和油气加工生产中冷凝和冷却应用最多的一种换热设备。空冷器一般是由管束、管箱、风机、百叶窗和构架等主要部分组成。

空冷器因其结构、安装形式、冷却和通风方式不同，可分为以下不同形式。

① 按管束布置和安装形式不同，分为水平式空冷器和斜顶式空冷器。前者适用于冷却，后者则适用于各种冷凝冷却。

② 按冷却方式不同，分为干式空冷器和湿式空冷器。前者冷却依靠风机连续送风；后者则是借助于水的喷淋或雾化强化换热。后者较前者冷却效率高，但由于易造成管束的腐蚀影响空冷器的寿命，因而应用不多。

③ 按通风方式不同，分为强制通风（即送风）空冷器和诱导通风空冷器。前者风机装在管束下部，用轴流风机向管束送风；后者风机安装在管束的上部，空气自上而下流动。后者较前者耗电多，造价高，应用不如前者普遍。

任务实施

一、任务准备

以小组为单位制定脱水脱汞单元开停车操作步骤。

二、任务实施步骤

表 3-1-5-1 和表 3-1-5-2 分别列出了脱水脱汞单元开停车操作步骤。

表 3-1-5-1　脱水脱汞单元开车操作步骤

操作对象描述	操作对象位号
确认装置区安全设备设施配备到位，具备开车条件	
打开干燥器 A 塔顶进气阀 KV3001	KV3001
打开干燥器 A 塔底出气阀 KV3006	KV3006
打开干燥器 B 塔顶出气阀 KV3005	KV3005
打开干燥器 B 塔底进气阀 KV3010	KV3010
打开一级粉尘过滤器进口阀 Z3003	Z3003
打开一级粉尘过滤器出口阀 Z3005	Z3005

操作对象描述	操作对象位号
打开活性炭过滤器进口阀 Z3006	Z3006
打开活性炭过滤器进口阀 Z3008	Z3008
打开二级粉尘过滤器进口阀 Z3009	Z3009
打开二级粉尘过滤器进口阀 Z3011	Z3011
打开燃料气冷却器进口阀 Z3014	Z3014
打开燃料气冷却器出口阀 Z3015	Z3015
打开再生气分离器进口阀 Z3019	Z3019
打开再生气分离器去燃料气换热器阀 Z3021	Z3021
打开燃料气换热器天然气进口阀 Z3022	Z3022
打开燃料气换热器天然气出口阀 Z3023	Z3023
打开燃料气换热器热煤油出口阀 Z3024	Z3024
打开燃料气换热器热煤油进口阀 Z3025	Z3025
确认热煤油循环已建立	
打开吹扫口 Z3002，完成氮气吹扫	Z3002
确认单元内压力正常无泄漏	
关闭吹扫口 Z3002	Z3002
缓慢开启干燥器天然气进口阀 Z3026	Z3026
打开天然气去冷箱放空阀 KV3013	KV3013
确认水含量分析仪显示数值在正常范围内	
打开天然气去冷箱阀 Z3012	Z3012
关闭天然气去冷箱放空阀 KV3013	KV3013
确认流程工作正常，做好记录，向中控室汇报	

表 3-1-5-2　脱水脱汞单元停车操作步骤

操作对象描述	操作对象位号
确认装置区处于正常运行状态	
关闭干燥器天然气进口阀 Z3026	Z3026
缓慢关闭天然气去冷箱阀 Z3012	Z3012

操作对象描述	操作对象位号
打开天然气去冷箱放空阀 KV3013	KV3013
关闭干燥器 A 塔顶进气阀 KV3001	KV3001
关闭干燥器 A 塔底出气阀 KV3006	KV3006
关闭干燥器 B 塔顶出气阀 KV3005	KV3005
关闭干燥器 B 塔底进气阀 KV3010	KV3010
关闭一级粉尘过滤器进口阀 Z3003	Z3003
关闭一级粉尘过滤器出口阀 Z3005	Z3005
关闭活性炭过滤器进口阀 Z3006	Z3006
关闭活性炭过滤器进口阀 Z3008	Z3008
关闭二级粉尘过滤器进口阀 Z3009	Z3009
关闭二级粉尘过滤器进口阀 Z3011	Z3011
关闭燃料气冷却器进口阀 Z3014	Z3014
关闭燃料气冷却器出口阀 Z3015	Z3015
关闭再生气分离器进口阀 Z3019	Z3019
关闭再生气分离器去燃料气换热器阀 Z3021	Z3021
关闭燃料气换热器天然气进口阀 Z3022	Z3022
关闭燃料气换热器天然气出口阀 Z3023	Z3023
关闭燃料气换热器热煤油出口阀 Z3024	Z3024
关闭燃料气换热器热煤油进口阀 Z3025	Z3025
关闭天然气去冷箱放空阀 KV3013	KV3013
确认流程已正常停车，做好记录，向中控室汇报	

任务学习成果

① 每位同学都能熟练掌握双塔脱水脱汞的工艺原理和重点设备的结构；
② 能任意 5 人配合完成开停车操作；
③ 每位同学都能独立胜任内操和外操岗位的操作。

任务测评标准

测评项目：脱水脱汞单元开停车操作。

测评标准：脱水脱汞单元开停车操作考核评分标准见表 3-1-5-3。

表 3-1-5-3 脱水脱汞单元开停车操作考核表

测评内容	分值	要求及评分标准	扣分	得分	测评记录
步骤汇报	20	以小组为单位汇报开停车操作步骤，要求熟练掌握步骤，能准确快速找出教师任意指出的阀门、设备位置			
准备工作	10	检查和恢复所有阀门至初始状态，检查设备的初始状态，检查协调对讲机			
基本操作	40	① 按正确的操作步骤进行开停车 ② 正确判断阀门的开关方向，切忌用力过大损坏阀门和设备			
文明作业	10	① 着装整齐，文明操作，遵守纪律 ② 操作过程配合默契，无吵闹现象 ③ 操作结束后将所使用工具摆放整齐，确保实训现场整洁			
特殊情况处理	10	对考核过程中出现的临时情况，比如阀门接触不好、阀门打不开等问题能进行正确判断和处理			
时限	10	① 操作步骤汇报时间控制在 10min 内，超时 1min 停止汇报，不计成绩 ② 整个操作时间控制在 10min 内完成，超时 1min 停止操作，不计成绩			
合计					

任务拓展与巩固训练

本单元如发生事故须紧急停车，应如何操作才能确保安全？

笔记

项目二　天然气液化工艺

项目导读

天然气液化工艺包括脱氮单元和冷剂循环液化脱重烃单元。

脱氮单元为双塔减压深冷液化精馏法脱氮工艺，经分子筛脱水单元来气进高压精馏塔脱出部分粗氮后，减压进压精馏塔配合冷箱换热制冷脱出精氮。塔和换热器间管线众多，联系复杂，要求配合相应工段仪表（压力、温度）深入理解本单元工艺。

冷剂循环液化脱重烃单元为 C_3 预冷 MRC 工艺，重点在于预冷混合区内冷剂的补充和循环，通过冷剂泵和冷剂压缩机的配合，分离出脱氮单元所来原料气中的重烃并在冷箱中完成液化，要求配合相应工段仪表（压力、温度）深入理解本单元工艺。

储存单元负责储存来自冷箱的 LNG、连接下游的 LNG 运输系统。LNG 储罐产生的 BOG 气体由 BOG 单元负责处理。

项目学习单

项目名称		天然气液化工艺	
项目学习目标	知识目标	• 掌握天然气液化的整体工艺要求 • 掌握精馏法液化脱氮单元工艺流程 • 掌握冷剂液化单元工艺流程 • 掌握 LNG 储存工艺的整体工艺 • 掌握 LNG 储罐的结构及附件作用	
	能力目标	• 能正确进行各单元开停车操作 • 能熟练进行冷剂压缩机启停运操作 • 能熟练进行冷机泵启停运操作 • 能正确进行储存单元开停车操作	
	素质目标	• 锻炼团队协作能力 • 形成严格的规范操作意识 • 形成责任意识和安全工作态度	
学时		16	任务学时
工作任务	任务 1	精馏法液化脱氮单元开停车操作	6
	任务 2	冷剂循环、液化、脱重烃开停车操作	6
	任务 3	冷剂压缩机启停运操作	2
	任务 4	储存单元开停车操作	2

任务1　精馏法液化脱氮单元开停车操作

任务说明

正确操作 F-3 高压精馏塔、F-6 低压精馏塔；F-1、F-2、F-4、F-5 换热器，将原料气（2.5MPa，39℃）中的氮气脱出送入下一工序，氮气出口（0.18MPa，25℃），净化气出口（2.5MPa，39℃）。

任务学习单

任务名称		精馏法液化脱氮单元开停车操作
任务学习目标	知识目标	• 掌握脱氮工艺原理 • 掌握塔器、冷箱的结构
	能力目标	• 能根据工艺流程熟练制定本单元开停车的步骤 • 能正确进行本单元开停车操作
	素质目标	• 形成团队合作意识 • 能解决在合作操作过程中遇到的各种问题
任务完成时间		6 学时
任务完成环境		天然气储运实训基地
任务工具		安全防护用品、绝缘手套、铜制扳手、250mm 扳手、试电笔、记录本、笔、对讲机、虚拟仿真系统、工艺流程图、螺丝刀、扳手
完成任务所需知识和能力		• 工厂进厂要求及注意事项 • 掌握相关专业规定：低温介质作业规定、高空及受限空间作业规定 • 脱氮工艺流程
任务要求		• 五个人配合完成开停车的操作，并要求每个人都能胜任内操和外操的相关操作 • 能对操作过程中出现的问题进行分析并解决
任务重点	知识	• 本单元工艺流程 • 重点设备的结构和原理
	技能	• 阀门、重点设备的操作及故障处理 • 对讲机的使用
任务结果		开停车流程运行正常，仿真平台系统评分 90 分以上

一、冷箱

冷箱是一组高效、绝热保冷的低温换热设备。在深冷分离过程中经常采用，如在石油裂解气的深冷分离过程中就采用在 -100 ~ -140℃左右工作的冷箱。它由结构紧凑的高效板式换热器和气液分离器所组成。因为低温极易散冷，要求极其严密的绝热保冷，故用绝热材料把换热器和分离器均包装在一个箱形物内，称之为冷箱。

M3-8 板式
换热器

冷箱具有高效、结构紧凑、适用于多相流等特点，但其流道小，易堵塞，不耐腐蚀。在使用中要注意入口流体的组分和纯度，在入口按设计要求安装一定目数的过滤网或过滤器；并在冷箱进出口安装精密压力表，定期监测，当压差增大到一定程度时即需要将冷箱切出清理滤网，或者需要注入甲醇等物质解冻。跑冒滴漏也是板翅式换热器使用中常见的现象，这是因为板翅式换热器在低温下收缩，有可能引起某些法兰处气体泄漏，因此，对于在 -100℃以下操作的法兰，应进行螺栓冷把紧。通常是当板翅式换热器逐步降温至 -30℃以下时，拧紧所有的法兰螺栓。当达到正常操作温度而法兰未发现泄漏时，就不要将法兰螺栓拧得太紧，以免损坏垫片。当产生结霜现象影响冷把紧时，常用的办法是在螺栓上注以甲醇溶液。除此之外，还应注意做到以下几点：

① 操作人员必须严格按照操作规程进行操作。

② 在开车初期，应逐渐缓慢地向冷箱系统增加裂解气流量，确保脱甲烷及冷箱系统温度下降是均匀的，并使操作人员容易监控冷箱系统的压力。

③ 对于采用 S&W 工艺的装置来说，初次开车冷却分凝分离器的降温速率应限制在规定范围内（一般为 170℃/h）。

④ 当发生异常情况时，要迅速查明原因，及时处理，在保护操作人员和设备安全的原则下，尽可能避免停车事故。

⑤ 冷箱出口设有低温联锁保护装置，如发生联锁动作，外操人员要对被隔离的管线进行必要的泄压处理。

⑥ 系统在投用前要仔细检查导淋阀、安全阀的旁路是否已全部关闭。必须勤于检查系统物料泄漏的情况，发现问题及时与相关人员联系。

二、消防应急措施

迅速撤离泄漏污染区人员至上风处，并进行隔离，严格限制人员出入。建议应急处理人员戴自给正压式呼吸器。不要直接接触泄漏物。尽可能切断泄漏源。防止气体在低凹处积聚，遇点火源着火爆炸。用排风机将漏出气送至空旷处。漏气容器要妥善处理，修复、检验后再用。用雾状水保持火场中容器冷却。可用雾状水喷淋加速液氮蒸发，但不可使用水枪射至液氮。如因吸入高纯氮感到呼吸困难，应输氧。如呼吸停止，应立即进行人工呼吸，并尽快送医。

任务实施

一、任务准备

以小组为单位制定脱氮单元开停车操作步骤。

二、任务实施步骤

表 3-2-1-1 和表 3-2-1-2 分别列出了脱氮单元开停车操作步骤。

表 3-2-1-1　脱氮单元开车操作步骤

操作对象描述	操作对象位号
确认现场具备开车条件	
打开产品换热器 A 天然气出口	Z4002
打开高压精馏塔下部天然气进口	Z4003
打开高压精馏塔上部天然气出口	Z4004
打开冷凝重沸器底中部天然气进口	Z4005
打开冷凝重沸器顶中部天然气出口	Z4006
打开高压精馏塔上部天然气进口	Z4007
打开高压精馏塔中部天然气出口	Z4008
打开产品换热器 C 天然气进口	Z4009
打开产品换热器 C 天然气出口	Z4010
打开低压精馏塔顶部天然气进口	Z4011
打开高压精馏塔顶部氮气出口	Z4012
打开高压精馏塔底部天然气出口	Z4013
打开产品换热器 B 天然气进口	Z4014
打开产品换热器 B 天然气出口	Z4015
打开冷凝重沸器左侧天然气进口	Z4016
打开冷凝重沸器顶左侧天然气出口	Z4017
打开低压精馏塔上部天然气进口	Z4018
打开低压精馏塔中部天然气出口	Z4019
打开冷凝重沸器底右侧天然气进口	Z4020
打开冷凝重沸器右下侧天然气出口	Z4021
打开低压精馏塔中部天然气进口	Z4022
打开低压精馏塔中下部天然气出口	Z4023
打开冷凝重沸器右上侧天然气进口	Z4024
打开冷凝重沸器顶右侧天然气出口	Z4025
打开低压精馏塔中下部天然气进口	Z4026

操作对象描述	操作对象位号
打开低压精馏塔底部天然气出口	Z4029
打开产品换热器 B 净化气进口	Z4032
打开产品换热器 B 净化气出口	Z4033
打开产品换热器 A 净化气进口	Z4034
打开产品换热器 A 净化气出口	Z4035
打开低压精馏塔顶部氮气出口	Z4036
打开产品换热器 C 氮气进口	Z4037
打开产品换热器 C 氮气出口	Z4038
打开产品换热器 B 氮气进口	Z4039
打开产品换热器 B 氮气出口	Z4040
打开产品换热器 A 氮气进口	Z4041
打开产品换热器 A 氮气出口	Z4042
对 LNG 升压泵进行盘车 2～3 圈，确认无卡阻	
打开产品换热器 A 天然气进口	Z4001
打开 LNG 升压泵进口阀 Z2030 进行灌泵	Z4030
通知电工班送电，并通知中控室对泵进行复位	
现场确认具备启泵条件后，按下电气控制按钮启动升压泵	
确认机泵无异响，出口压力正常	
通知中控室后，缓慢打开泵出口阀门 Z4031	Z4031
观察出口压力表 PIT4018 压力显示	PIT4018
确认泵出口阀 Z4031 全开	Z4031
确认压力表 PIT4018 数值无波动	PIT4018
确认升压泵正常运转无异常	
确认流程工作正常，向中控室汇报	

表 3-2-1-2　脱氮单元停车操作步骤

操作对象描述	操作对象位号
确认现场具备开车条件	
关闭产品换热器 A 天然气出口	Z4002
关闭高压精馏塔下部天然气进口	Z4003
关闭高压精馏塔上部天然气出口	Z4004
关闭冷凝重沸器底中部天然气进口	Z4005
关闭冷凝重沸器顶中部天然气出口	Z4006
关闭高压精馏塔上部天然气进口	Z4007

操作对象描述	操作对象位号
关闭高压精馏塔中部天然气出口	Z4008
关闭产品换热器 C 天然气进口	Z4009
关闭产品换热器 C 天然气出口	Z4010
关闭低压精馏塔顶部天然气进口	Z4011
关闭高压精馏塔顶部氮气出口	Z4012
关闭高压精馏塔底部天然气出口	Z4013
关闭产品换热器 B 天然气进口	Z4014
关闭产品换热器 B 天然气出口	Z4015
关闭冷凝重沸器左侧天然气进口	Z4016
关闭冷凝重沸器顶左侧天然气出口	Z4017
关闭低压精馏塔上部天然气进口	Z4018
关闭低压精馏塔中部天然气出口	Z4019
关闭冷凝重沸器底右侧天然气进口	Z4020
关闭冷凝重沸器右下侧天然气出口	Z4021
关闭低压精馏塔中部天然气进口	Z4022
关闭低压精馏塔中下部天然气出口	Z4023
关闭冷凝重沸器右上侧天然气进口	Z4024
关闭冷凝重沸器顶右侧天然气出口	Z4025
关闭低压精馏塔中下部天然气进口	Z4026
关闭低压精馏塔底部天然气出口	Z4029
关闭产品换热器 B 净化气进口	Z4032
关闭产品换热器 B 净化气出口	Z4033
关闭产品换热器 A 净化气进口	Z4034
关闭产品换热器 A 净化气出口	Z4035
关闭低压精馏塔顶部氮气出口	Z4036
关闭产品换热器 C 氮气进口	Z4037
关闭产品换热器 C 氮气出口	Z4038
关闭产品换热器 B 氮气进口	Z4039
关闭产品换热器 B 氮气出口	Z4040
关闭产品换热器 A 氮气进口	Z4041
关闭产品换热器 A 氮气出口	Z4042
通知中控室及电工班准备停泵	
缓慢关闭升压泵出口阀 Z4031	Z4031

操作对象描述	操作对象位号
按下电气控制按钮停止循环泵运转	
关闭升压泵进口阀 Z4030	Z4030
确认升压泵停运	
做好记录，并通知中控室及电工班停车完毕	

任务学习成果

① 每位同学都能熟练掌握脱氮单元的工艺原理和重点设备的结构；
② 能任意 5 人配合完成开停车操作；
③ 每位同学都能独立胜任内操和外操岗位的操作。

任务测评标准

测评项目：脱氮单元开停车操作。

测评标准：脱氮单元开停车操作考核评分标准见表 3-2-1-3。

表 3-2-1-3　脱氮单元开停车操作考核表

测评内容	分值	要求及评分标准	扣分	得分	测评记录
步骤汇报	20	以小组为单位汇报开停车操作步骤，要求熟练掌握步骤，能准确快速找出教师任意指出的阀门、设备位置			
准备工作	10	检查和恢复所有阀门至初始状态，检查设备的初始状态，检查协调对讲机			
基本操作	40	① 按正确的操作步骤进行开停车 ② 正确判断阀门的开关方向，切忌用力过大损坏阀门和设备			
文明作业	10	① 着装整齐，文明操作，遵守纪律 ② 操作过程配合默契，无吵闹现象 ③ 操作结束后将所使用工具摆放整齐，确保实训现场整洁			
特殊情况处理	10	对考核过程中出现的临时情况，比如阀门接触不好、阀门打不开等问题能进行正确判断和处理			
时限	10	① 操作步骤汇报时间控制在 10min 内，超时 1min 停止汇报，不计成绩 ② 整个操作时间控制在 10min 内完成，超时 1min 停止操作，不计成绩			
合计					

任务拓展与巩固训练

本单元所用升压泵是什么类型？它的启停运操作应注意什么？

任务 2　冷剂循环、液化、脱重烃单元开停车操作

任务说明

　　正确操作冷剂压缩机 C-0501、冷剂泵 P-0501/P-0502，建立冷剂循环，将脱氮原料气（4.27MPa，34℃）经冷箱 E-0501 液化后（0.1MPa，−161℃）进 LNG 储罐，同时利用分离器 V-0504、换热器 E-0504 将重烃分离出（4.22MPa，25℃），送入燃料气系统。

M3-9　天然气液化

任务学习单

任务名称		冷剂循环、液化、脱重烃单元开停车操作
任务学习目标	知识目标	• 掌握本单元工艺原理 • 掌握单元关键设备（冷剂压缩机、重烃分离器、E0501 冷箱）的结构和工作原理
	能力目标	• 能根据工艺流程熟练制定本单元开停车、设备启停运的步骤 • 能正确进行本单元开停车、设备启停运的操作
	素质目标	• 形成团队合作意识 • 能解决在合作操作过程中遇到的各种问题
任务完成时间		6 学时
任务完成环境		天然气储运实训基地
任务工具		安全防护用品、绝缘手套、铜制扳手、250mm 扳手、试电笔、记录本、笔、对讲机、虚拟仿真系统、工艺流程图、螺丝刀、扳手
完成任务所需知识和能力		• 工厂进厂要求及注意事项 • 掌握相关专业规定：低温介质作业规定、高空及受限空间作业规定 • 液化工艺流程
任务要求		• 五个人配合完成开停车的操作，并要求每个人都能胜任内操和外操的相关操作 • 能对操作过程中出现的问题进行分析并解决
任务重点	知识	• 本单元工艺流程 • 重点设备的结构和原理
	技能	• 阀门、重点设备的操作及故障处理 • 对讲机的使用
任务结果		开停车流程运行正常，仿真平台系统评分 90 分以上

一、重烃分离

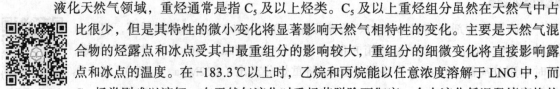

液化天然气领域，重烃通常是指 C_5 及以上烃类。C_5 及以上重烃组分虽然在天然气中占比很少，但是其特性的微小变化将显著影响天然气相特性的变化。主要是天然气混合物的烃露点和冰点受其中最重组分的影响较大，重组分的细微变化将直接影响露点和冰点的温度。在 -183.3℃ 以上时，乙烷和丙烷能以任意浓度溶解于 LNG 中，而 C_{5+} 烃类则难以溶解。在天然气液化时重烃若脱除不彻底，会在液化低温段堵塞换热器流道而使冷箱冻堵，降低液化率，增加能耗，冻堵严重时会导致装置停车。因而，重烃分离对天然气液化工程具有重大意义。

M3-10 重烃分离器

天然气液化过程中易冻堵的重烃组分种类多，分离要求也不相同。针对天然气组分变化和重烃分离的要求，目前应用于天然气液化过程的重烃分离方法主要有固体吸附法、溶剂吸收法、冷凝分离法、膜分离法或上述方法组合的分离方法。

冷凝分离法又称低温精馏法，利用熔沸点不同进行气液分离。将天然气冷却至烃露点温度以下，得到部分富含较重烃类的凝液，实质就是气体液化的技术。而生产 LNG 本身就是气体液化过程，因此采用冷凝分离法可以将重烃分离与天然气液化过程耦合，因此工程中多用此法分离重烃。该方法将天然气预冷至 -30 ~ -60℃ 后经重烃分离器一级或多级分离 / 精馏。冷凝分离法分离重烃几乎不受重烃含量的限制，适用范围广；对易冻堵组分的控制精度高，能够将其他工艺无法处理的新戊烷含量很容易地控制在允许含量以下；该方法同时副产 LPG 产品，附加值甚至高于 LNG 产品，经济优势明显。该工艺的不足之处主要体现在工艺中设置精馏装置，需要增加塔设备，增加了工艺复杂性和投资费用；为适应原料气中重烃含量的波动，对塔设备操作弹性和稳定性要求高，塔设计和工艺设计难度大。因此，冷凝分离法的重点在于合理的工艺及控制方案以及塔设备设计。

二、膨胀机

膨胀机是利用压缩气体膨胀降压时向外输出机械功使气体温度降低的原理以获得冷量的机械。按运动形式和结构分为活塞膨胀机和透平膨胀机两类。活塞膨胀机主要适用于高压力比和小流量的中小型高、中压深低温设备。

工作原理：当气体具有一定的压力和温度时，就具有由压力而体现的势能和由温度所体现的动能，这两种能量总称为内能。膨胀机主要的作用是利用气体在膨胀机内进行绝热膨胀对外做功消耗气体本身的内能，使气体的压力和温度大幅度降低达到制冷与降温的目的。膨胀机的主要工作在喷嘴及叶轮中完成，当高速、低温的气体通过叶轮通道时，由于叶轮高速转动，使气体速度很快下降。同时，气体在不断变大的通道中流动时，因为压力与速度下降使气体内能降低，气体温度进一步大幅度降低，达到降温与制冷的目的。由于膨胀机叶轮的飞速转动，带动了与膨胀机叶轮在同一轴上另一端的压缩机叶轮转动，压缩机叶轮的转动压缩了通过增压机叶轮的气体，压缩机叶轮不仅压缩了气体、利用了膨胀机发出的功率，同时控制了膨胀机的转速。透平型膨胀机与活塞膨胀机相比，具有流量大、结构简单、体积小、效率高和运转周期长等特点，适用于大中型深低温设备。

M3-11 膨胀机

任务实施

一、任务准备

以小组为单位制定冷剂循环、液化、脱重烃单元开停车操作步骤。

二、任务实施步骤

表 3-2-2-1 和表 3-2-2-2 分别列出冷剂循环、液化、脱重烃单元开停车操作步骤。

表 3-2-2-1　冷剂循环、液化、脱重烃单元开车操作步骤

操作对象描述	操作对象位号
确认公用工程各系统正常运行	
检查确认冷剂压缩机附件完整，设备周围无障碍物	
检查确认隔离气系统进口关闭，后端隔离气流程导通	
检查确认密封气系统进口关闭，后端密封气流程导通	
压缩机盘车 2~3 圈无卡阻，气缸排液直至排尽	
冷剂压缩机组引入循环水	
冷剂压缩机组投运隔离气系统	
冷剂压缩机组投运油系统	
冷剂压缩机组投运密封气系统	
确认冷剂压缩机组所有报警已解除	
中控室及现场均对压缩机复位	
通知电工班对压缩机送电	
确认"允许启动"灯变绿	
请示班长得到启动指令，按下冷剂压缩机"启动"按钮	
压缩机"运行指示"灯亮后，手动缓慢开启进气阀门 UV-5003	UV-5003
确认入口压力表 PIT5005 压力显示不低于 0.02MPa	PIT5005
通知中控根据入口压力适时进行补压，直至 UV-5003 全开	UV-5003
待压缩机二段出口压力表 PIT5008 与气液分离器压力表 PIT5019 持平后（约 4MPa），打开 UV-5001 与 UV-5002	PIT5008、PIT5019、UV-5001、UV-5002
确认机组平稳正常	
检查压缩机各测点温度、油温、油压、振动及声音是否正常，确认冷剂压缩机正常运行	

操作对象描述	操作对象位号
通知中控室及电工班启动完毕	
缓慢开启 UV-5003	UV-5003
开启 SDV-5001	SDV-5001
打开重烃分离器进气口气动阀前 Z5003	Z5003
打开重烃分离器进气口气动阀后 Z5004	Z5004
打开重烃分离器顶部出口阀 Z5006	Z5006
确认 TIT5004 显示数值在正常范围内	TIT5004
打开重烃分离器顶部出口手动放空 Q5027	Q5027
10min 后，关闭 Q5027	Q5027
检查确认冷剂泵及附件正常	
确认冷剂泵 P-0502A 进口阀 Z5028 关闭	Z5028
确认冷剂泵 P-0502A 出口阀 Z5029 关闭	Z5029
确认润滑油油位在 1/2 ~ 2/3 处	
确认供电系统正常	
确认仪表系统正常	
确认工艺流程正常	
对泵进行盘车 2 ~ 3 圈，确认无卡阻	
打开冷剂泵进口阀 Z5028 进行灌泵	Z5028
通知电工班送电，并通知中控室对泵进行复位	
现场确认具备启泵条件后，按下电气控制按钮启动冷剂泵 P-0502A	P-0502A
确认机泵无异响，出口压力正常	
通知中控室后，缓慢打开泵出口阀门 Z5029	Z5029
观察出口压力表 PIT5014 压力显示	PIT5014
确认泵出口阀 Z5029 全开	Z5029
确认压力表 PIT5014 数值无波动	PIT5014
确认冷剂泵正常运转无异常	
通知中控室及电工班启动完毕	

操作对象描述	操作对象位号
确认 TIT5005 显示数值达到 -140℃	TIT5005
开启 SDV-5002	SDV-5002
缓慢开启 FV-5001	FV-5001
确保将 TIT5005 显示数值控制在 -1150 ~ -1160℃	TIT5005
确认一段缓冲罐液位 LIT5003 达到 10% 以上	LIT5003
检查确认级间冷剂泵及附件正常	
确认级间冷剂泵 P-0501A 进口阀 Z5015 关闭	Z5015
确认级间冷剂泵 P-0501A 出口阀 Z5017 关闭	Z5017
确认润滑油油位在 1/2 ~ 2/3 处	
确认供电系统正常	
确认仪表系统正常	
确认工艺流程正常	
对泵进行盘车 2 ~ 3 圈，确认无卡阻	
打开级间冷剂泵进口阀 Z5015 进行灌泵	Z5015
通知电工班送电，并通知中控室对泵进行复位	
现场确认具备启泵条件后，按下电气控制按钮启动级间冷剂泵	P-0501A
确认机泵无异响，出口压力正常	
通知中控室后，缓慢打开泵出口阀门 Z5017	Z5017
观察出口压力表 PIT5012 压力显示	PIT5012
确认泵出口阀 Z5017 全开	Z5017
确认压力表 PIT5012 数值无波动	PIT5012
确认级间冷剂泵正常运转无异常	
通知中控室及电工班启动完毕	
将 LV-5002 设定为 15%	LV-5002
确认流程工作正常，向中控室汇报	

表 3-2-2-2　冷剂循环、液化、脱重烃单元停车操作步骤

操作对象描述	操作对象位号
确认单元流程正常运行	
缓慢关小 FV-5001	FV-5001
关闭 SDV-5001	SDV-5001
检查确认级间冷剂泵及附件正常	
确认级间冷剂泵 P-0501A 进口阀 Z5015 开启	Z5015
确认级间冷剂泵 P-0501A 出口阀 Z5017 开启	Z5017
确认级间冷剂泵运转正常	
通知中控室及电工班准备停泵	
缓慢关闭级间冷剂泵出口阀 Z5017	Z5017
按下电气控制按钮，停止循环泵运转	
关闭级间冷剂泵进口阀 Z5015	Z5015
确认泵停运，并通知中控室及电工班停机完毕	
检查确认冷剂泵及附件正常	
确认冷剂泵 P-0502A 进口阀 Z5028 开启	Z5028
确认冷剂泵 P-0502A 出口阀 Z5029 开启	Z5029
确认冷剂泵运转正常	
通知中控室及电工班准备停泵	
缓慢关闭冷剂泵出口阀 Z5029	Z5029
按下电气控制按钮停止循环泵运转	
关闭冷剂泵进口阀 Z5028	Z5028
确认泵停运，并通知中控室及电工班停机完毕	
下达冷剂压缩机停车指令	
按下"停车"按钮	
关闭 UV-5003	UV-5003
确认冷剂压缩机系统压力低于 0.34MPa	
确认冷剂压缩机各摩控点和轴承温度降为室温	

操作对象描述	操作对象位号
停运油系统	
停运循环水系统	
停运冷却水系统	
确认冷剂压缩机处于长期停车状态	
通知中控室及电工班停车完毕	
关闭 UV-5001	UV-5001
关闭 UV-5002	UV-5002
关闭重烃分离器进气口气动阀前 Z5003	Z5003
关闭重烃分离器进气口气动阀后 Z5004	Z5004
关闭重烃分离器顶部出口阀 Z5006	Z5006
关闭 LV-5002	LV-5002
确认流程已正常停车，向中控室汇报	

任务学习成果

① 每位同学都能熟练掌握冷剂循环、液化、脱重烃单元的工艺原理和重点设备的结构；

② 能任意 5 人配合完成开停车操作；

③ 每位同学都能独立胜任内操和外操岗位的操作。

测评项目：冷剂循环、液化、脱重烃单元开停车操作。

测评标准：冷剂循环、液化、脱重烃单元开停车操作考核评分标准见表 3-2-2-3。

表 3-2-2-3 冷剂循环、液化、脱重烃单元开停车操作考核表

测评内容	分值	要求及评分标准	扣分	得分	测评记录
步骤汇报	20	以小组为单位汇报开停车操作步骤，要求熟练掌握步骤，能准确快速找出教师任意指出的阀门、设备位置			
准备工作	10	检查和恢复所有阀门至初始状态，检查设备的初始状态，检查协调对讲机			
基本操作	40	① 按正确的操作步骤进行开停车 ② 正确判断阀门的开关方向，切忌用力过大损坏阀门和设备			
文明作业	10	① 着装整齐，文明操作，遵守纪律 ② 操作过程配合默契，无吵闹现象 ③ 操作结束后将所使用工具摆放整齐，确保实训现场整洁			
特殊情况	10	对考核过程中出现的临时情况，比如阀门接触不好、阀门打不开等问题能进行正确判断和处理			
时限	10	① 操作步骤汇报时间控制在 10min 内，超时 1min 停止汇报，不计成绩 ② 整个操作时间控制在 10min 内完成，超时 1min 停止操作，不计成绩			
合计					

任务拓展与巩固训练

E-0501 冷箱中氮气流量的控制和影响如何？

任务3 冷剂压缩机启停运操作

任务说明

正确操作 C0501 冷剂压缩机，使冷剂循环顺利建立，平稳输送冷剂。

任务学习单

任务名称		冷剂压缩机启停运操作	
任务学习目标	知识目标	• 掌握冷剂压缩机在本单元工艺中的作用 • 掌握冷剂压缩机结构和工作原理	
	能力目标	• 能根据工艺流程熟练制定冷剂压缩机开停车的步骤；能正确进行冷剂压缩机开停车的操作	
	素质目标	• 形成团队合作意识 • 能解决在合作操作过程中遇到的各种问题	
任务完成时间		2学时	
任务完成环境		天然气储运实训基地	
任务工具		安全防护用品、绝缘手套、铜制扳手、250mm扳手、试电笔、记录本、笔、对讲机、虚拟仿真系统、工艺流程图、螺丝刀、扳手	
完成任务所需知识和能力		• 工厂进厂要求及注意事项 • 掌握相关专业规定：低温介质作业规定、高空及受限空间作业规定 • 冷剂工作工艺流程	
任务要求		• 五个人配合完成开停车的操作，并要求每个人都能胜任内操和外操的相关操作 • 能对操作过程中出现的问题进行分析并解决	
任务重点	知识	• 本单元工艺流程 • 重点设备的结构和原理	
	技能	• 阀门、重点设备的操作及故障处理 • 对讲机的使用	
任务结果		开停车流程运行正常，仿真平台系统评分90分以上	

知识链接

一、什么是干燥床?

固定床反应器、移动床反应器、流化床反应器，这三种反应器都是有固体颗粒床层的反应器，首先，"床"指的是什么？大量固体颗粒堆积在一起，便形成了具有一定高度的颗粒床层，这就是名称里的"床"。这些固体颗粒可以是反应物，也可以是催化剂。如何区分固定床反应器、移动床反应器、流化床反应器？如果这个颗粒床层是固定不动的，就叫固定床。如果这个颗粒床层是整体移动的，固体颗粒自顶部连续加入，又从底部卸出，颗粒相互之间没有相对运动，而是以一个整体的状态移动，叫作移动床。当流体（气体或液体）通过颗粒床层时进行反应，如果将流体通过床层的速度提高到一定数值，固体颗粒已经不能维持不变的状态，全部悬浮于流体之中，固体颗粒之间进行的是无规则运动，整个固体颗粒的床层，可以像流体一样流动，这即是流动床。

二、冷剂压缩机

M3-12 离心式
压缩机

在离心压缩机中，高速旋转的叶轮给予气体的离心力作用，以及在扩压通道中给予气体的扩压作用，使气体压力得到提高。早期，由于这种压缩机只适于低中压力、大流量的场合，而不为人们所重视。由于化学工业的发展，各种大型化工厂、炼油厂的建立，离心压缩机就成为压缩和输送化工生产中各种气体的关键机器，而占有极其重要的地位。气体动力学研究的各项成就使离心压缩机的效率不断提高，又由于高压密封、小流量窄叶轮的加工，多油楔轴承等关键技术的研制成功，解决了离心压缩机向高压力、宽流量范围发展的一系列问题，使离心压缩机的应用范围大为扩展，以致在很多场合可取代往复压缩机，而大大地扩大了其应用范围。工业用高压离心压缩机的压力有 $(150 \sim 350) \times 10^5 Pa$ 的，海上油田注气用的离心压缩机压力有高达 $700 \times 10^5 Pa$ 的。高炉鼓风用的离心鼓风机的流量可高达 $7000 m^3/min$，功率大的有 $52900 kW$ 的，转速一般在 $10000 r/min$ 以上。有些化工基础原料，如丙烯、乙烯、丁二烯、苯等，可加工成塑料、纤维、橡胶等重要化工产品。在生产这种基础原料的石油化工厂中，离心压缩机也占有重要地位，是关键设备之一。除此之外，其他如石油精炼、制冷等行业中，离心压缩机也是极为关键的设备。

任务实施

一、任务准备

以小组为单位制定冷剂压缩机开停车操作步骤。

二、任务实施步骤

表 3-2-3-1 至表 3-2-3-3 分别列出了冷剂压缩机正常开车、正常停车、紧急停车的操作步骤。

表 3-2-3-1　冷剂压缩机正常开车操作步骤

操作对象描述	操作对象位号
确认公用工程各系统正常运行	
检查确认压缩机附件完整，设备周围无障碍物	
检查确认隔离气系统进口关闭，后端隔离气流程导通	
检查确认密封气系统进口关闭，后端密封气流程导通	
压缩机盘车 2 ～ 3 圈无卡阻，气缸排液直至排尽	

操作对象描述	操作对象位号
冷剂压缩机组引入循环水	
冷剂压缩机组投运隔离气系统	
冷剂压缩机组投运油系统	
冷剂压缩机组投运密封气系统	
确认冷剂压缩机组所有报警已解除	
中控室及现场均对压缩机复位	
通知电工班对压缩机送电	
确认"允许启动"灯变绿	
请示班长得到启动指令，按下冷剂压缩机"启动"按钮	
压缩机"运行指示"灯亮后，手动缓慢开启进气阀门 UV-5003	UV-5003
确认入口压力表 PIT5005 压力显示不低于 0.02MPa	PIT5005
通知中控根据入口压力适时进行补压，直至 UV-5003 全开	UV-5003
待压缩机二段出口压力表 PIT5008 与气液分离器压力表 PIT5019 持平后（约 4MPa），打开 UV-5001 与 UV-5002	PIT5008、PIT5019、UV-5001、UV-5002
确认机组平稳正常	
检查压缩机各测点温度、油温、油压、振动及声音是否正常，确认冷剂压缩机正常运行	
通知中控室及电工班启动完毕	

表 3-2-3-2 冷剂压缩机正常停车操作步骤

操作对象描述	操作对象位号
下达压缩机停车指令	
按下"停车"按钮	
关闭 UV-5003	UV-5003
确认冷剂压缩机系统压力低于 0.34MPa	
确认冷剂压缩机各摩控点和轴承温度降为室温	
停运油系统	
停运循环水系统	
停运冷却水系统	
确认冷剂压缩机处于长期停车状态	
通知中控室及电工班停车完毕	

表 3-2-3-3 冷剂压缩机紧急停车操作步骤

操作对象描述	操作对象位号
按下"紧急停车"按钮	

操作对象描述	操作对象位号
关闭 UV-5003	UV-5003
确认冷剂压缩机各摩控点和轴承温度降为室温	
停运油系统	
停运循环水系统	
停运隔离气系统	
确认冷剂压缩机处于紧急停车状态	
通知中控室及电工班停车完毕	

任务学习成果

① 每位同学都能熟练掌握冷剂压缩机的控制；

② 能任意 5 人配合完成冷剂压缩机开停车操作；

③ 每位同学都能独立胜任内操和外操岗位的操作。

任务测评标准

测评项目：冷剂压缩机开停车操作。

测评标准：冷剂压缩机开停车操作考核评分标准见表 3-2-3-4。

表 3-2-3-4　冷剂压缩机开停车操作考核表

测评内容	分值	要求及评分标准	扣分	得分	测评记录
步骤汇报	20	以小组为单位汇报开停车操作步骤，要求熟练掌握步骤，能准确快速找出教师任意指出的阀门、设备位置			
准备工作	10	检查和恢复所有阀门至初始状态，检查设备的初始状态，检查协调对讲机			
基本操作	40	① 按正确的操作步骤进行开停车 ② 正确判断阀门的开关方向，切忌用力过大损坏阀门和设备			
文明作业	10	① 着装整齐，文明操作，遵守纪律 ② 操作过程配合默契，无吵闹现象 ③ 操作结束后将所使用工具摆放整齐，确保实训现场整洁			
特殊情况处理	10	对考核过程中出现的临时情况，比如阀门接触不好、阀门打不开等问题能进行正确判断和处理			
时限	10	① 操作步骤汇报时间控制在 10min 内，超时 1min 停止汇报，不计成绩 ② 整个操作时间控制在 10min 内完成，超时 1min 停止操作，不计成绩			
合计					

任务拓展与巩固训练

本单元中冷剂泵和级间冷剂泵有何区别？各自在工艺流程中的作用？

任务 4　储存单元开停车操作

任务说明

正确操作 LNG 储罐及附属设施，保证 LNG 储存及外输安全。

任务学习单

任务名称		储存单元开停车操作
任务学习目标	知识目标	• 掌握本单元工艺原理 • 掌握单元关键设备（储罐 TN1101A）的结构和工作原理
	能力目标	• 能根据工艺流程熟练制定本单元开停车；能正确进行本单元开停车的操作
	素质目标	• 形成团队合作意识 • 能解决在合作操作过程中遇到的各种问题
任务完成时间		2 学时
任务完成环境		天然气储运实训基地
任务工具		安全防护用品、绝缘手套、铜制扳手、250mm 扳手、试电笔、记录本、笔、对讲机、虚拟仿真系统、工艺流程图、螺丝刀、扳手
完成任务所需知识和能力		• 工厂进厂要求及注意事项 • 掌握相关专业规定：低温介质作业规定、高空及受限空间作业规定 • LNG 理化特性
任务要求		• 4 个人配合完成开停车的操作，并要求每个人都能胜任内操和外操的相关操作 • 能对操作过程中出现的问题进行分析并解决
任务重点	知识	• 本单元工艺流程 • 重点设备的结构和原理
	技能	• 阀门、重点设备的操作及故障处理 • 对讲机的使用
任务结果		开停车流程运行正常，仿真平台系统评分 90 分以上

知识链接

1. LNG 储罐的选择

地上 LNG 储罐形式和基础类型的选择上，应遵循安全和经济的原则。对于储罐的选型从安全的角度应首选全容式罐，其次选择膜式罐；双包容罐不具有任何优点，据有关资料介绍目前世界上仅有一台在用；单包容罐的安全性最差（历史上发生过破裂事故），且由于其设计压力随罐容增大需要降低（较大容量时约 12kPa），低的设计压力导致 BOG 处理设备及运行费用的增加将超过罐造价的降低，因此除非小罐容及建设在偏远荒凉地区外，不应选择单容罐。LNG 罐的基础选择架空式。

2. LNG 储存安全

案例学习与警示（6 死 3 伤，北海 LNG 接收站着火事故敲响警钟，LNG 接收站的日常运行安全不容忽视！）。

任务实施

一、任务准备

以小组为单位制定储存单元开停车操作步骤。

二、任务实施步骤

表 3-2-4-1 和表 3-2-4-2 列出了储存单元开停车操作步骤。

表 3-2-4-1　储存单元开车操作步骤

操作对象描述	操作对象位号
将 LV-5002 设定为 15%	LV-5002
打开 LNG 储罐进口阀 J8001	J8001
打开 LNG 储罐进口顶部阀 J8002	J8002
打开 LNG 储罐进口底部阀 J8003	J8003
打开 LNG 储罐去装车阀 Q8002	Q8002

表 3-2-4-2　储存单元停车操作步骤

操作对象描述	操作对象位号
关闭 LV-5002	LV-5002
关闭 LNG 储罐进口阀 J8001	J8001
关闭 LNG 储罐进口顶部阀 J8002	J8002
关闭 LNG 储罐进口底部阀 J8003	J8003
关闭 LNG 储罐去装车阀 Q8002	Q8002

任务学习成果

① 每位同学都能熟练掌握液化天然气储存单元的工艺原理和重点设备的结构；

② 能任意 4 人配合完成开停车操作；

③ 每位同学都能独立胜任内操和外操岗位的操作。

任务测评标准

测评项目：储存单元开停车操作。

测评标准：储存单元开停车操作考核评分标准见表 3-2-4-3。

表 3-2-4-3　储存单元开停车操作考核表

测评内容	分值	要求及评分标准	扣分	得分	测评记录
步骤汇报	20	以小组为单位汇报开停车操作步骤，要求熟练掌握步骤，能准确快速找出教师任意指出的阀门、设备位置			
准备工作	10	检查和恢复所有阀门至初始状态，检查设备的初始状态，检查协调对讲机			
基本操作	40	① 按正确的操作步骤进行开停车 ② 正确判断阀门的开关方向，切忌用力过大损坏阀门和设备			
文明作业	10	① 着装整齐，文明操作，遵守纪律 ② 操作过程配合默契，无吵闹现象 ③ 操作结束后将所使用工具摆放整齐，确保实训现场整洁			
特殊情况处理	10	对考核过程中出现的临时情况，比如阀门接触不好、阀门打不开等问题能进行正确判断和处理			
时限	10	① 操作步骤汇报时间控制在 10min 内，超时 1min 停止汇报，不计成绩 ② 整个操作时间控制在 10min 内完成，超时 1min 停止操作，不计成绩			
合计					

任务拓展与巩固训练

LNG 管输的保冷措施如何？

笔记

项目三　液化天然气生产辅助工艺

项目导读

液化天然气生产辅助工艺包括 BOG 单元和再生气单元。

BOG 单元工艺负责处理来自 LNG 储罐的蒸发气，经过螺杆压缩机处理后分为两条工艺路线，经冷却水换热温度低的一路 BOG 去分子筛单元用作冷吹气；经加热炉升温，温度高的一路 BOG 去分子筛脱水单元用作热吹气。关键操作为螺杆式压缩机的控制，请完成该工艺单元关键设备的操作。

再生气单元工艺负责处理来自分子筛脱水单元再生气分离器的气体，经往复式压缩机处理后作为燃料气外输，请完成该工艺单元的关键设备开停车操作。

项目学习单

项目名称		液化天然气生产辅助工艺	
项目学习目标	知识目标	● 掌握 BOG 单元工艺 ● 掌握再生气单元工艺	
	能力目标	● 能正确进行 BOG 单元压缩机、加热炉启停运操作 ● 能正确进行再生气单元压缩机启停运操作	
	素质目标	● 锻炼团队协作能力 ● 形成严格的规范操作意识 ● 形成责任意识和安全工作态度	
学时		6	任务学时
工作任务	任务 1	BOG 压缩机开停车和加热炉点火操作	3.5
	任务 2	再生气压缩机开停车操作	2.5

任务 1　天然气压缩机开停车和加热炉点火操作

任务说明

正确操作 C-0601、E-0601，将加热的 BOG 送脱水单元做热吹气。

M3-13　螺杆式
压缩机

任务学习单

任务名称		BOG 压缩机开停车和加热炉点火操作
任务学习目标	知识目标	• 掌握本单元工艺原理 • 掌握单元关键设备（螺杆压缩机和加热炉）的结构和工作原理
	能力目标	• 能根据工艺流程熟练制定本单元关键设备开停车；能正确进行本单元关键设备开停车的操作
	素质目标	• 形成团队合作意识 • 能解决在合作操作过程中遇到的各种问题
任务完成时间		3.5 学时
任务完成环境		天然气储运实训基地
任务工具		安全防护用品、绝缘手套、铜制扳手、250mm 扳手、试电笔、记录本、笔、对讲机、虚拟仿真系统、工艺流程图、螺丝刀、扳手
完成任务所需知识和能力		• 工厂进厂要求及注意事项 • 掌握相关专业规定：低温介质作业规定、高空及受限空间作业规定
任务要求		• 4 个人配合完成开停车的操作，并要求每个人都能胜任内操和外操的相关操作 • 能对操作过程中出现的问题进行分析并解决
任务重点	知识	• 本单元工艺流程 • 重点设备的结构和原理
	技能	• 阀门、重点设备的操作及故障处理 • 对讲机的使用
任务结果		开停车流程运行正常，仿真平台系统评分 90 分以上

知识链接

1. BOG 系统在 LNG 工厂中的作用？

由于低温液化天然气（LNG）储罐（约 -160℃）受外界环境热量的入侵，LNG 罐内液下泵运行时部分机械能转化为热能，这都会使罐内 LNG 气化产生闪蒸气，这些闪蒸气就是 BOG。利用 BOG 储罐储存，用于再生塔冷吹气或维持 LNG 储罐安全。

2. 加热炉的结构

自主拓展管式加热炉。

任务实施

一、任务准备

以小组为单位制定 BOG 压缩机开停车和加热炉点火操作步骤。

二、任务实施步骤

表 3-3-1-1 至表 3-3-1-3 列出了 BOG 压缩机开停车、加热炉点火操作步骤。

表 3-3-1-1　BOG 压缩机开车操作步骤

操作对象描述	操作对象位号
公用工程各系统正常运行	
检查确认压缩机附件完整并投用，设备周围无障碍物	
确认 BOG 压缩机天然气进口阀 Z6009 关闭	Z6009
确认压缩机下游流程已导通	
确认润滑油冷却器冷却水供水正常	
确认压缩机出口冷却器冷却水供水正常	
确认压缩机进口压力表 PIT6001 压力显示小于 150kPa	PIT6001
通知电工班对压缩机送电	
确认控制面板正常	
确认润滑油系统各阀门状态正常	
确认润滑油油位满视镜	
手动启动润滑油泵运行，运行不少于 10min	
将压缩机机组复位	
确认各项启机条件均已满足，系统允许启动状态指示灯亮	
班长下达启动指令后按下"启动"按钮	
检查确认压缩机温度、压力、振动及声音正常，压缩机启动完毕	
打开 BOG 压缩机天然气进口阀 Z6009	Z6009
通知电工班及中控室压缩机启动完毕	

表 3-3-1-2　BOG 压缩机停车操作步骤

操作对象描述	操作对象位号
班长下达 BOG 压缩机停车指令	

操作对象描述	操作对象位号
通知电工班及中控室准备停车	
按下 BOG 压缩机停止按钮	
关闭 BOG 压缩机天然气进口阀 Z6009	Z26009
确认 TIT6004 小于 40℃时，停止润滑油泵运行	TIT6004
停止润滑油冷却器、压缩机出口冷却器冷却水循环	
通知电工班及中控室已停车	

表 3-3-1-3　加热炉点火操作步骤

操作对象描述	操作对象位号
检查确认现场整洁无障碍物	
确认供电系统正常	
确认仪表系统正常	
确认工艺流程正常	
确认加热炉进出口压力差大于 9kPa	PIT6004、PG6001
确定燃料气来压力在 0.2 ~ 0.4MPa	
确定二级调压器输出在 5 ~ 8kPa	
检查燃烧器进风口有无异物	
检查运行方式处于自动运行状态、出口温度设定值符合要求（设定为 260℃）	
通知中控室进行点火	
检查加热炉运行正常	
加热炉根据远程控制要求进入自动运行状态	
加热炉出口温度自动逐渐稳定在设定值上下	
向中控室汇报点火情况	

任务学习成果

① 每位同学都能熟练掌握 BOG 单元的工艺原理和重点设备的结构；
② 能任意 4 人配合完成 BOG 压缩机开停车和加热炉点火操作；
③ 每位同学都能独立胜任内操和外操岗位的操作。

任务测评标准

测评项目：BOG 压缩机开停车和加热炉点火操作。

测评标准：BOG 压缩机开停车和加热炉点火操作考核评分标准见表 3-3-1-4。

表 3-3-1-4　BOG 压缩机开停车和加热炉点火操作考核表

测评内容	分值	要求及评分标准	扣分	得分	测评记录
步骤汇报	20	以小组为单位汇报开停车操作步骤，要求熟练掌握步骤，能准确快速找出教师任意指出的阀门、设备位置			
准备工作	10	检查和恢复所有阀门至初始状态，检查设备的初始状态，检查协调对讲机			
基本操作	40	① 按正确的操作步骤进行开停车 ② 正确判断阀门的开关方向，切忌用力过大损坏阀门和设备			
文明作业	10	① 着装整齐，文明操作，遵守纪律 ② 操作过程配合默契，无吵闹现象 ③ 操作结束后将所使用工具摆放整齐，确保实训现场整洁			
特殊情况处理	10	对考核过程中出现的临时情况，比如阀门接触不好、阀门打不开等问题能进行正确判断和处理			
时限	10	① 操作步骤汇报时间控制在 10min 内，超时 1min 停止汇报，不计成绩 ② 整个操作时间控制在 10min 内完成，超时 1min 停止操作，不计成绩			
合计					

任务拓展与巩固训练

　　LNG 运输船上的 BOG 应如何处理?

任务 2　再生气压缩机开停车操作

任务说明

正确操作 C-0701，将脱水单元再生气送入脱酸单元换热器 E-0303 做原料气。

M3-14　往复式
压缩机

任务学习单

任务名称		再生气压缩机开停车操作
任务学习目标	知识目标	• 掌握本单元工艺原理 • 掌握单元关键设备（往复式压缩机）的结构和工作原理
	能力目标	• 能根据工艺流程熟练制定本单元关键设备开停车；能正确进行本单元关键设备开停车的操作
	素质目标	• 形成团队合作意识 • 能解决在合作操作过程中遇到的各种问题
任务完成时间		2.5 学时
任务完成环境		天然气储运实训基地
任务工具		安全防护用品、绝缘手套、铜制扳手、250mm 扳手、试电笔、记录本、笔、对讲机、虚拟仿真系统、工艺流程图、螺丝刀、扳手
完成任务所需知识和能力		• 工厂进厂要求及注意事项 • 掌握相关专业规定：低温介质作业规定、高空及受限空间作业规定
任务要求		• 4 个人配合完成开停车的操作，并要求每个人都能胜任内操和外操的相关操作 • 能对操作过程中出现的问题进行分析并解决
任务重点	知识	• 本单元工艺流程 • 重点设备的结构和原理
	技能	• 阀门、重点设备的操作及故障处理 • 对讲机的使用
任务结果		开停车流程运行正常，仿真平台系统评分 90 分以上

知识链接

再生气处理系统在 LNG 工厂中的作用。

回收再生气，作为再生单元热吹气，工艺流程是重点。

一、任务准备

以小组为单位制定再生气压缩机开停车操作步骤。

二、任务实施步骤

表 3-3-2-1 和表 3-3-2-2 列出了再生气压缩机开停车操作。

表 3-3-2-1　再生气压缩机开车操作

操作对象描述	操作对象位号
公用工程各系统正常运行	
检查确认压缩机附件完整并投用，设备周围无障碍物	
确认压缩机气缸、油箱及出口换热器的循环水正常投用	
确认压缩机进气手阀关闭、排气手阀关闭	
打开入口缓冲罐排污阀 Z7007 进行排液	Z7007
听到排污阀 Z7007 处有气体声时关闭该阀	Z7007
打开出口缓冲罐排污阀 Z7008 进行排液	Z7008
听到排污阀 Z7008 处有气体声时关闭该阀	Z7008
对压缩机进行盘车 2 ～ 3 圈，确认盘车无卡塞和金属摩擦声	
确认油箱油位高度在上下限内	
确认入口缓冲罐压力表 PIT7001 压力显示小于 0.1MPa	PIT7001
通知电工班对压缩机送电	
确认控制面板供电正常	
班长下达启动指令	
按下"启动"按钮	
启动成功后控制面板显示油压应大于 0.35MPa	
缓慢打开入口缓冲器进口阀 Z7017 直至全开	Z7017
缓慢打开出口冷却分离器进口阀 Z7009	Z7009
检查确认压缩机温度、压力、振动及声音正常，压缩机启动完毕	
通知电工班及中控室压缩机启动完毕	

表 3-3-2-2　再生气压缩机停车操作

操作对象描述	操作对象位号
下达再生气压缩机停车指令	
通知电工班与中控室准备停车	
按下再生气压缩机控制面板停车按钮	
关闭入口缓冲器进口阀 Z7017	Z7017
关闭出口冷却分离器进口阀 Z7009	Z7009
关闭压缩机循环水进出口手阀	
确认再生气压缩机处于正常停车状态	
通知电工班与中控室已停车	

任务学习成果

① 每位同学都能熟练掌握再生气处理单元的工艺原理和重点设备的结构；

② 能任意 4 人配合完成再生气压缩机开停车操作；

③ 每位同学都能独立胜任内操和外操岗位的操作。

任务测评标准

测评项目：再生气压缩机升停车操作。

测评标准：再生气压缩机开停车操作考核评分标准见表 3-3-2-3。

表 3-3-2-3　再生气压缩机开停车操作考核表

测评内容	分值	要求及评分标准	扣分	得分	测评记录
步骤汇报	20	以小组为单位汇报开停车操作步骤，要求熟练掌握步骤，能准确快速找出教师任意指出的阀门、设备位置			
准备工作	10	检查和恢复所有阀门至初始状态，检查设备的初始状态，检查协调对讲机			
基本操作	40	① 按正确的操作步骤进行开停车 ② 正确判断阀门的开关方向，切忌用力过大损坏阀门和设备			
文明作业	10	① 着装整齐，文明操作，遵守纪律 ② 操作过程配合默契，无吵闹现象 ③ 操作结束后将所使用工具摆放整齐，确保实训现场整洁			
特殊情况处理	10	对考核过程中出现的临时情况，比如阀门接触不好，阀门打不开等问题能进行正确判断和处理			
时限	10	① 操作步骤汇报时间控制在 10min 内，超时 1min 停止汇报，不计成绩 ② 整个操作时间控制在 10min 内完成，超时 1min 停止操作，不计成绩			
合计					

任务拓展与巩固训练

往复式压缩机如何进行润滑？

笔记

项目四　液化天然气工厂运行维护、应急管理

项目导读

液化天然气工厂运行维护、应急管理包括：天然气液化工厂整体开停车，天然气液化工厂设备类故障应急处理和工艺类故障应急处理。

天然气液化工厂整体开停车单元是 LNG 整体系统操作，在前面各工艺处理单元的训练基础上，主要考察内外操人员的密切配合与协调处理工序开停工操作，内操要有效下达操作指令，通报中控各类仪表数值，外操及时汇报，远传就地控制设施、阀门的状态，两者有效协调，密切注意异常情况，保证 LNG 工厂开停工的顺利进行。

天然气液化工厂设备类故障应急处理涉及过滤器、闸阀、胺液循环泵、冷剂泵前过滤器设备的故障诊断和应急处理。要求掌握对应单元工艺流程及原理，结合流媒体课件的学习，从本质上熟悉故障的应对办法，举一反三，拓展为能处理其他相似故障，请配合完成本项目内的操作。

工艺类故障应急处理涉及过滤器差压控制、MEDA 系统溶液稳定、原料气质量指标控制（CO_2 含量）、气 / 液体泄漏、着火，涉及全站关键设备的气体泄漏、LNG 储罐的液体泄漏着火等事故的诊断与应急处理。要求掌握重点防护设备、工艺流程原理及结构，结合流媒体课件的学习，从本质上深刻理解工艺类故障、事故的应急处理方案及操作。

项目学习单

项目名称		液化天然气工厂运行维护、应急管理	
项目学习目标	知识目标	• 掌握 LNG 工厂整体工艺 • 掌握 LNG 工厂应急管理、事故处理相关知识	
	能力目标	• 能正确进行 LNG 工厂整体运维操作 • 能正确处理 LNG 工厂内故障和事故应急	
	素质目标	• 锻炼团队协作能力 • 形成严格的规范操作意识 • 形成责任意识和安全工作态度	
学时		22	任务学时
工作任务	任务 1	天然气液化工厂整体开停车操作	12
	任务 2	过滤器滤芯更换操作（典型设备故障处理）	3
	任务 3	净化气中 CO_2 含量超标（典型工艺类关键指标控制）	2
	任务 4	气体和液体泄漏、着火应急处置操作	5

任务1 天然气液化工厂整体开停车操作

任务说明

正确进行 LNG 工厂整体开停车操作，按工艺指标要求合理控制各生产工序关键参数，将原料天然气处理液化后产出高质量 LNG 储存或装车外运。

任务学习单

任务名称		天然气液化工厂整体开停车操作
任务学习目标	知识目标	• 掌握 LNG 工厂整体工艺原理 • 掌握关键节点设备的结构
	能力目标	• 能根据工艺流程熟练制定工厂整体开停车的步骤 • 能正确进行工厂整体开停车操作
	素质目标	• 形成团队合作意识 • 能解决在协同操作过程中遇到的各种问题
任务完成时间		12 学时
任务完成环境		天然气储运实训基地
任务工具		安全防护用品、绝缘手套、铜制扳手、250mm 扳手、试电笔、记录本、笔、对讲机、虚拟仿真系统、工艺流程图、螺丝刀、扳手
完成任务所需知识和能力		• 工厂进厂要求及注意事项 • 掌握相关专业规定：低温介质作业规定、高空及受限空间作业规定 • LNG 工厂整体工艺流程
任务要求		• 三组（15 个人）配合完成开停车的操作，要求每个人都能胜任内操和外操的相关操作 • 能对操作过程中出现的问题进行分析并解决
任务重点	知识	• 整体工厂工艺流程 • 重点设备的结构和原理
	技能	• 阀门、重点设备的操作及故障处理 • 对讲机的使用
任务结果		开停车流程运行正常，仿真平台系统评分 90 分以上

任务实施

一、任务准备

以小组为单位制定工厂整体开停车操作步骤。

二、任务实施步骤

表 3-4-1-1 和表 3-4-1-2 列出了工厂整体开停车操作步骤。

表 3-4-1-1 工厂整体开车操作步骤

操作对象描述	操作对象位号
确认装置区安全设备设施配备到位	
确认压力表、安全阀良好	
确认装置区各阀门通信、动作正常	
确认中控室各在线仪表正常，与现场仪表显示一致	
确认各 8 字盲板已拆除	
确认各路工艺管线畅通，连接状态正确	
打开原料气过滤器进口阀 Z1002	Z1002
打开原料气过滤器出口阀 Z1003	Z1003
确认差压表 PDI1001 数值小于 0.1MPa	PDI1001
打开计量管线进口阀 Z1006	Z1006
打开计量管线出口阀 Z1008	Z1008
缓慢打开进口阀 Z1012	Z1012
确认筒体压力表 PIT1005 压力显示升高至 4MPa	PIT1005
全开进口阀门 Z1012	Z1012
缓慢打开出口阀 Z1014	Z1014
保证筒体压力表 PIT1005 数值平稳	PIT1005
全开出口阀 Z1014	Z1014
保证差压表 PDI1002 数值始终小于 0.08MPa	PDI1002
打开吸收塔底部出口阀 Z2011	Z2011
将吸收塔富液出口阀 LV2002 设置为 50%，投入自动控制	LV2002
打开一级机械过滤器进口阀 Z2015	Z2015
打开一级机械过滤器出口阀 Z2017	Z2017
打开活性炭过滤器进口阀 Z2020	Z2020
打开活性炭过滤器出口阀 Z2022	Z2022
打开二级机械过滤器进口阀 Z2025	Z2025
打开二级机械过滤器出口阀 Z2027	Z2027
打开贫富液换热器富液进口阀 Z2030	Z2030
打开贫富液换热器富液出口阀 Z2032	Z2032

操作对象描述	操作对象位号
将再生塔富液进口阀 LV2006 设置为 50%, 投入自动控制	LV2006
打开再生塔富液进口阀 Z2033	Z2033
打开回流空冷器进口阀 J2003	J2003
打开回流空冷器出口阀 J2004	J2004
将再生塔回流富液进口阀 LV2003 设置为 50%, 投入自动控制	LV2003
打开重沸器热煤油进口阀 Z2042	Z2042
打开重沸器热煤油出口阀 Z2043	Z2043
确认热煤油循环已导通	
打开贫富液换热器贫液出口阀 Z2044	Z2044
将贫富液换热器贫液出口阀 LV2004 设置为 50%, 投入自动控制	LV2004
打开贫液空冷器进口阀 J2008	J2008
打开贫液空冷器出口阀 J2009	J2009
将吸收塔贫液进口阀 LV2005 设置为 50%, 投入自动控制	LV2005
打开吸收塔贫液进口阀 Z2051	Z2051
对 MDEA 回流泵 P-0301A 进行盘车 2 ~ 3 圈, 确认无卡阻	P-0301A
打开 MDEA 回流泵进口阀 Z2037 进行灌泵	Z2037
通知电工班送电, 并通知中控室对泵进行复位	
现场确认具备启泵条件后, 按下电气控制按钮启动 MDEA 回流泵 P-0301A	P-0301A
确认机泵无异响, 出口压力正常	
通知中控室后, 缓慢打开泵出口阀门 Z2038	Z2038
观察出口压力表 PIT2017 压力显示为 0.3 ~ 0.5MPa	PIT2017
确认泵出口阀 Z2038 全开	Z2038
确认压力表 PIT2017 数值无波动	PIT2017
确认 MDEA 回流泵正常运转无异常	
通知中控室及电工班启动完毕	
对胺液循环泵进行盘车 2 ~ 3 圈, 确认无卡阻	
打开胺液循环泵进口阀 Z2048 进行灌泵	Z2048
通知电工班送电, 并通知中控室对泵进行复位	
现场确认具备启泵条件后, 按下电气控制按钮启动胺液循环泵 P-0302A	P-0302A
确认机泵无异响, 出口压力正常	
通知中控室后, 缓慢打开泵出口阀门 J2006	J2006

操作对象描述	操作对象位号
观察出口压力表 PIT2025 压力显示	PIT2025
确认泵出口阀 J2006 全开	J2006
确认压力表 PIT2025 数值无波动	PIT2025
确认胺液循环泵正常运转无异常	
通知中控室及电工班启动完毕	
确认胺液循环系统已导通	
打开 BOG/ 天然气换热器 BOG 进口阀 Z2006	Z2006
打开 BOG/ 天然气换热器 BOG 出口阀 Z2007	Z2007
打开 BOG/ 天然气换热器天然气进口阀 Z2002	Z2002
打开 BOG/ 天然气换热器天然气出口阀 Z2003	Z2003
将塔顶分离器排液阀 LV2001 设置为 50%，投入自动控制	LV2001
打开吸收塔天然气进口阀 Z2053	Z2053
打开塔顶分离器手动放空阀 Q2005	Q2005
确认 CO$_2$ 含量分析仪显示数值在正常范围内	
打开塔顶分离器天然气出口阀 Z2005	Z2005
关闭塔顶分离器手动放空阀 Q2005	Q2005
检查确认压缩机附件完整并投用，设备周围无障碍物	
确认 BOG 压缩机天然气进口阀 Z6009 关闭	Z6009
确认压缩机下游流程已导通	
确认润滑油冷却器冷却水供水正常	
确认压缩机出口冷却器冷却水供水正常	
确认压缩机进口压力表 PIT6001 压力显示小于 150kPa	PIT6001
通知电工班对压缩机送电	
确认控制面板正常	
确认润滑油系统各阀门状态正常	
确认润滑油油位满视镜	
手动启动润滑油泵运行，运行不少于 10min	
将压缩机机组复位	
确认各项启机条件均已满足，系统允许启动状态指示灯亮	
班长下达启动指令后按下"启动"按钮	
检查确认压缩机温度、压力、振动及声音正常，压缩机启动完毕	

操作对象描述	操作对象位号
打开 BOG 压缩机天然气进口阀 Z6009	Z6009
通知电工班及中控室 BOG 压缩机启动完毕	
检查确认再生气压缩机附件完整并投用，设备周围无障碍物	
确认再生气压缩机气缸、油箱及出口换热器的循环水正常投用	
确认再生气压缩机进气手阀关闭、排气手阀关闭	
打开入口缓冲罐排污阀 Z7007 进行排液	Z7007
听到排污阀 Z7007 处有气体声时关闭该阀	Z7007
打开出口缓冲罐排污阀 Z7008 进行排液	Z7008
听到排污阀 Z7008 处有气体声时关闭该阀	Z7008
对压缩机进行盘车 2 ~ 3 圈，确认盘车无卡塞和金属摩擦声	
确认油箱油位高度在上下限内	
确认入口缓冲罐压力表 PIT7001 压力显示小于 0.1MPa	PIT7001
通知电工班对压缩机送电	
确认控制面板供电正常	
班长下达启动指令	
按下"启动"按钮	
启动成功后控制面板显示油压应大于 0.35MPa	
缓慢打开入口缓冲器进口阀 Z7017 直至全开	Z7017
缓慢打开出口冷却分离器进口阀 Z7009	Z7009
检查确认再生气压缩机温度、压力、振动及声音正常，压缩机启动完毕	
通知电工班及中控室再生气压缩机启动完毕	
打开干燥器 A 塔顶进气阀 KV3001	KV3001
打开干燥器 A 塔底出气阀 KV3006	KV3006
打开干燥器 B 塔顶出气阀 KV3005	KV3005
打开干燥器 B 塔底进气阀 KV3010	KV3010
打开一级粉尘过滤器进口阀 Z3003	Z3003
打开一级粉尘过滤器出口阀 Z3005	Z3005
打开活性炭过滤器进口阀 Z3006	Z3006
打开活性炭过滤器进口阀 Z3008	Z3008
打开二级粉尘过滤器进口阀 Z3009	Z3009
打开二级粉尘过滤器进口阀 Z3011	Z3011

操作对象描述	操作对象位号
打开燃料气冷却器进口阀 Z3014	Z3014
打开燃料气冷却器出口阀 Z3015	Z3015
打开再生气分离器进口阀 Z3019	Z3019
打开再生气分离器去燃料气换热器阀 Z3021	Z3021
打开燃料气换热器天然气进口阀 Z3022	Z3022
打开燃料气换热器天然气出口阀 Z3023	Z3023
打开燃料气换热器热煤油出口阀 Z3024	Z3024
打开燃料气换热器热煤油进口阀 Z3025	Z3025
确认热煤油循环已建立	
打开吹扫口 Z3002，完成氮气吹扫	Z3002
确认单元内压力正常无泄漏	
关闭吹扫口 Z3002	Z3002
缓慢开启干燥器天然气进口阀 Z3026	Z3026
打开天然气去冷箱放空阀 KV3013	KV3013
确认水含量分析仪显示数值在正常范围内	
打开天然气去冷箱阀 Z3012	Z3012
关闭天然气去冷箱放空阀 KV3013	KV3013
打开产品换热器 A 天然气出口阀 Z4002	Z4002
打开高压精馏塔下部天然气进口阀 Z4003	Z4003
打开高压精馏塔上部天然气出口阀 Z4004	Z4004
打开冷凝重沸器底中部天然气进口阀 Z4005	Z4005
打开冷凝重沸器顶中部天然气出口阀 Z4006	Z4006
打开高压精馏塔上部天然气进口阀 Z4007	Z4007
打开高压精馏塔中部天然气出口阀 Z4008	Z4008
打开产品换热器 C 天然气进口阀 Z4009	Z4009
打开产品换热器 C 天然气出口阀 Z4010	Z4010
打开低压精馏塔顶部天然气进口阀 Z4011	Z4011
打开高压精馏塔顶部氮气出口阀 Z4012	Z4012
打开高压精馏塔底部天然气出口阀 Z4013	Z4013
打开产品换热器 B 天然气进口阀 Z4014	Z4014
打开产品换热器 B 天然气出口阀 Z4015	Z4015

操作对象描述	操作对象位号
打开冷凝重沸器左侧天然气进口阀 Z4016	Z4016
打开冷凝重沸器顶左侧天然气出口阀 Z4017	Z4017
打开低压精馏塔上部天然气进口阀 Z4018	Z4018
打开低压精馏塔中部天然气出口阀 Z4019	Z4019
打开冷凝重沸器底右侧天然气进口阀 Z4020	Z4020
打开冷凝重沸器右下侧天然气出口阀 Z4021	Z4021
打开低压精馏塔中部天然气进口阀 Z4022	Z4022
打开低压精馏塔中下部天然气出口阀 Z4023	Z4023
打开冷凝重沸器右上侧天然气进口阀 Z4024	Z4024
打开冷凝重沸器顶右侧天然气出口阀 Z4025	Z4025
打开低压精馏塔中下部天然气进口阀 Z4026	Z4026
打开低压精馏塔底部天然气出口阀 Z4029	Z4029
打开产品换热器 B 净化气进口阀 Z4032	Z4032
打开产品换热器 B 净化气出口阀 Z4033	Z4033
打开产品换热器 A 净化气进口阀 Z4034	Z4034
打开产品换热器 A 净化气出口阀 Z4035	Z4035
打开低压精馏塔顶部氮气出口阀 Z4036	Z4036
打开产品换热器 C 氮气进口阀 Z4037	Z4037
打开产品换热器 C 氮气出口阀 Z4038	Z4038
打开产品换热器 B 氮气进口阀 Z4039	Z4039
打开产品换热器 B 氮气出口阀 Z4040	Z4040
打开产品换热器 A 氮气进口阀 Z4041	Z4041
打开产品换热器 A 氮气出口阀 Z4042	Z4042
对 LNG 升压泵进行盘车 2 ~ 3 圈，确 Z40 认无卡阻	
打开产品换热器 A 天然气进口阀 Z4001	Z4001
打开 LNG 升压泵进口阀 Z2030 进行灌泵	Z4030
通知电工班送电，并通知中控室对泵进行复位	
现场确认具备启泵条件后，按下电气控制按钮启动升压泵	
确认机泵无异响，出口压力正常	
通知中控室后，缓慢打开泵出口阀门 Z4031	Z4031
观察出口压力表 PIT4018 压力显示	PIT4018

操作对象描述	操作对象位号
确认泵出口阀 Z4031 全开	Z4031
确认压力表 PIT4018 数值无波动	PIT4018
确认升压泵正常运转无异常	
检查确认冷剂压缩机附件完整，设备周围无障碍物	
检查确认隔离气系统进口关闭，后端隔离气流程导通	
检查确认密封气系统进口关闭，后端密封气流程导通	
压缩机盘车 2～3 圈无卡阻，气缸排液直至排尽	
冷剂压缩机组引入循环水	
冷剂压缩机组投运隔离气系统	
冷剂压缩机组投运油系统	
冷剂压缩机组投运密封气系统	
确认冷剂压缩机组所有报警已解除	
中控室及现场均对压缩机复位	
通知电工班对压缩机送电	
确认"允许启动"灯变绿	
请示班长得到启动指令，按下冷剂压缩机"启动"按钮	
压缩机"运行指示"灯亮后，手动缓慢开启进气阀门 UV-5003	UV-5003
确认入口压力表 PIT5005 压力显示不低于 0.02MPa	PIT5005
通知中控根据入口压力适时进行补压，直至 UV-5003 全开	UV-5003
待压缩机二段出口压力表 PIT5008 与气液分离器压力表 PIT5019 持平后（约 4MPa），打开 UV-5001 与 UV-5002	PIT5008、PIT5019、UV-5001、UV-5002
确认机组平稳正常	
检查压缩机各测点温度、油温、油压、振动及声音是否正常，确认冷剂压缩机正常运行	
通知中控室及电工班启动完毕	
缓慢开启 UV-5003	UV-5003
开启 SDV-5001	SDV-5001
打开重烃分离器进气口气动阀前 Z5003	Z5003
打开重烃分离器进气口气动阀后 Z5004	Z5004
打开重烃分离器顶部出口阀 Z5006	Z5006
确认 TIT5004 显示数值在正常范围内	TIT5004
打开重烃分离器顶部出口手动放空 Q5027	Q5027

操作对象描述	操作对象位号
10min 后，关闭 Q5027	Q5027
检查确认冷剂泵及附件正常	
确认冷剂泵 P-0502A 进口阀 Z5028 关闭	Z5028
确认冷剂泵 P-0502A 出口阀 Z5029 关闭	Z5029
确认润滑油油位在 1/2 ~ 2/3 处	
确认供电系统正常	
确认仪表系统正常	
确认工艺流程正常	
对泵进行盘车 2 ~ 3 圈，确认无卡阻	
打开冷剂泵进口阀 Z5028 进行灌泵	Z5028
通知电工班送电，并通知中控室对泵进行复位	
现场确认具备启泵条件后，按下电气控制按钮启动冷剂泵 P-0502A	P-0502A
确认机泵无异响，出口压力正常	
通知中控室后，缓慢打开泵出口阀门 Z5029	Z5029
观察出口压力表 PIT5014 压力显示	PIT5014
确认泵出口阀 Z5029 全开	Z5029
确认压力表 PIT5014 数值无波动	PIT5014
确认冷剂泵正常运转无异常	
通知中控室及电工班启动完毕	
确认 TIT5005 显示数值达到 -140℃	TIT5005
开启 SDV-5002	SDV-5002
缓慢开启 FV-5001	FV-5001
确保将 TIT5005 显示数值控制在 -150 ~ -160℃	TIT5005
确认一段缓冲罐液位 LIT5003 达到 10% 以上	LIT5003
检查确认级间冷剂泵及附件正常	
确认级间冷剂泵 P-0501A 进口阀 Z5015 关闭	Z5015
确认级间冷剂泵 P-0501A 出口阀 Z5017 关闭	Z5017
确认润滑油油位在 1/2 ~ 2/3 处	
确认供电系统正常	
确认仪表系统正常	
确认工艺流程正常	

操作对象描述	操作对象位号
对泵进行盘车 2 ~ 3 圈，确认无卡阻	
打开级间冷剂泵进口阀 Z5015 进行灌泵	Z5015
通知电工班送电，并通知中控室对泵进行复位	
现场确认具备启泵条件后，按下电气控制按钮启动级间冷剂泵 P-0501A	P-0501A
确认机泵无异响，出口压力正常	
通知中控室后，缓慢打开泵出口阀门 Z5017	Z5017
观察出口压力表 PIT5012 压力显示	PIT5012
确认泵出口阀 Z5017 全开	Z5017
确认压力表 PIT5012 数值无波动	PIT5012
确认级间冷剂泵正常运转无异常	
通知中控室及电工班启动完毕	
将 LV-5002 设定为 15%	LV-5002
打开 LNG 储罐 A 进口阀 J8001	J8001
打开 LNG 储罐 A 进口顶部阀 J8002	J8002
打开 LNG 储罐 A 进口底部阀 J8003	J8003
打开 LNG 储罐 A 去装车阀 Q8002	Q8002
确认整体流程工作正常，向中控室汇报	

表 3-4-1-2　工厂整体停车操作步骤

操作对象描述	操作对象位号
确认整体流程正常运行	
缓慢关小 FV-5001	FV-5001
关闭 SDV-5001	SDV-5001
检查确认级间冷剂泵及附件正常	
确认级间冷剂泵 P-0501A 进口阀 Z5015 开启	Z5015
确认级间冷剂泵 P-0501A 出口阀 Z5017 开启	Z5017
确认级间冷剂泵运转正常	
通知中控室及电工班准备停泵	
缓慢关闭级间冷剂泵出口阀 Z5017	Z5017
按下电气控制按钮停止循环泵运转	
关闭级间冷剂泵进口阀 Z5015	Z5015
确认泵停运，并通知中控室及电工班停机完毕	

操作对象描述	操作对象位号
检查确认冷剂泵及附件正常	
确认冷剂泵 P-0502A 进口阀 Z5028 开启	Z5028
确认冷剂泵 P-0502A 出口阀 Z5029 开启	Z5029
确认冷剂泵运转正常	
通知中控室及电工班准备停泵	
缓慢关闭冷剂泵出口阀 Z5029	Z5029
按下电气控制按钮停止循环泵运转	
关闭冷剂泵进口阀 Z5028	Z5028
确认泵停运，并通知中控室及电工班停机完毕	
下达冷剂压缩机停车指令	
按下"停车"按钮	
关闭 UV-5003	UV-5003
确认冷剂压缩机系统压力低于 0.34MPa	
确认冷剂压缩机各摩控点和轴承温度降为室温	
停运油系统	
停运循环水系统	
停运冷却水系统	
确认冷剂压缩机处于长期停车状态	
通知中控室及电工班停车完毕	
关闭 UV-5001	UV-5001
关闭 UV-5002	UV-5002
关闭重烃分离器进气口气动阀前 Z5003	Z5003
关闭重烃分离器进气口气动阀后 Z5004	Z5004
关闭重烃分离器顶部出口阀 Z5006	Z5006
关闭 LV-5002	LV-5002
关闭 LNG 储罐 A 进口阀 J8001	J8001
关闭 LNG 储罐 A 进口顶部阀 J8002	J8002
关闭 LNG 储罐 A 进口底部阀 J8003	J8003
关闭 LNG 储罐 A 去装车阀 Q8002	Q8002
关闭产品换热器 A 天然气出口阀 Z4002	Z4002
关闭高压精馏塔下部天然气进口阀 Z4003	Z4003

操作对象描述	操作对象位号
关闭高压精馏塔上部天然气出口阀 Z4004	Z4004
关闭冷凝重沸器底中部天然气进口阀 Z4005	Z4005
关闭冷凝重沸器顶中部天然气出口阀 Z4006	Z4006
关闭高压精馏塔上部天然气进口阀 Z4007	Z4007
关闭高压精馏塔中部天然气出口阀 Z4008	Z4008
关闭产品换热器 C 天然气进口阀 Z4009	Z4009
关闭产品换热器 C 天然气出口阀 Z4010	Z4010
关闭低压精馏塔顶部天然气进口阀 Z4011	Z4011
关闭高压精馏塔顶部氮气出口阀 Z4012	Z4012
关闭高压精馏塔底部天然气出口阀 Z4013	Z4013
关闭产品换热器 B 天然气进口阀 Z4014	Z4014
关闭产品换热器 B 天然气出口阀 Z4015	Z4015
关闭冷凝重沸器左侧天然气进口阀 Z4016	Z4016
关闭冷凝重沸器顶左侧天然气出口阀 Z4017	Z4017
关闭低压精馏塔上部天然气进口阀 Z4018	Z4018
关闭低压精馏塔中部天然气出口阀 Z4019	Z4019
关闭冷凝重沸器底右侧天然气进口阀 Z4020	Z4020
关闭冷凝重沸器右下侧天然气出口阀 Z4021	Z4021
关闭低压精馏塔中部天然气进口阀 Z4022	Z4022
关闭低压精馏塔中下部天然气出口阀 Z4023	Z4023
关闭冷凝重沸器右上侧天然气进口阀 Z4024	Z4024
关闭冷凝重沸器顶右侧天然气出口阀 Z4025	Z4025
关闭低压精馏塔中下部天然气进口阀 Z4026	Z4026
关闭低压精馏塔底部天然气出口阀 Z4029	Z4029
关闭产品换热器 B 净化气进口阀 Z4032	Z4032
关闭产品换热器 B 净化气出口阀 Z4033	Z4033
关闭产品换热器 A 净化气进口阀 Z4034	Z4034
关闭产品换热器 A 净化气出口阀 Z4035	Z4035
关闭低压精馏塔顶部氮气出口阀 Z4036	Z4036
关闭产品换热器 C 氮气进口阀 Z4037	Z4037
关闭产品换热器 C 氮气出口阀 Z4038	Z4038

操作对象描述	操作对象位号
关闭产品换热器 B 氮气进口阀 Z4039	Z4039
关闭产品换热器 B 氮气出口阀 Z4040	Z4040
关闭产品换热器 A 氮气进口阀 Z4041	Z4041
关闭产品换热器 A 氮气出口阀 Z4042	Z4042
通知中控室及电工班准备停泵	
缓慢关闭升压泵出口阀 Z4031	Z4031
按下电气控制按钮停止循环泵运转	
关闭升压泵进口阀 Z4030	Z4030
确认升压泵停运	
关闭干燥器天然气进口阀 Z3026	Z3026
缓慢关闭天然气去冷箱阀 Z3012	Z3012
打开天然气去冷箱放空阀 KV3013	KV3013
关闭干燥器 A 塔顶进气阀 KV3001	KV3001
关闭干燥器 A 塔底出气阀 KV3006	KV3006
关闭干燥器 B 塔顶出气阀 KV3005	KV3005
关闭干燥器 B 塔底进气阀 KV3010	KV3010
关闭一级粉尘过滤器进口阀 Z3003	Z3003
关闭一级粉尘过滤器出口阀 Z3005	Z3005
关闭活性炭过滤器进口阀 Z3006	Z3006
关闭活性炭过滤器进口阀 Z3008	Z3008
关闭二级粉尘过滤器进口阀 Z3009	Z3009
关闭二级粉尘过滤器进口阀 Z3011	Z3011
关闭燃料气冷却器进口阀 Z3014	Z3014
关闭燃料气冷却器出口阀 Z3015	Z3015
关闭再生气分离器进口阀 Z3019	Z3019
关闭再生气分离器去燃料气换热器阀 Z3021	Z3021
关闭燃料气换热器天然气进口阀 Z3022	Z3022
关闭燃料气换热器天然气出口阀 Z3023	Z3023
关闭燃料气换热器热煤油出口阀 Z3024	Z3024
关闭燃料气换热器热煤油进口阀 Z3025	Z3025
关闭天然气去冷箱放空阀 KV3013	KV3013

操作对象描述	操作对象位号
班长下达 BOG 压缩机停车指令	
通知电工班及中控室准备停车	
按下 BOG 压缩机停止按钮	
关闭 BOG 压缩机天然气进口阀 Z6009	Z26009
确认 TIT6004 小于 40℃时，停止润滑油泵运行	TIT6004
停止润滑油冷却器、压缩机出口冷却器冷却水循环	
通知电工班及中控室已停车	
下达再生气压缩机停车指令	
通知电工班与中控室准备停车	
按下再生气压缩机控制面板停车按钮	
关闭入口缓冲器进口阀 Z7017	Z7017
关闭出口冷却分离器进口阀 Z7009	Z7009
关闭压缩机循环水进出口手阀	
确认再生气压缩机处于正常停车状态	
通知电工班与中控室已停车	
关闭吸收塔天然气进口阀 Z2053	Z2053
关闭 BOG/ 天然气换热器天然气进口阀 Z2002	Z2002
关闭 BOG/ 天然气换热器天然气出口阀 Z2003	Z2003
关闭塔顶分离器天然气出口阀 Z2005	Z2005
关闭 BOG/ 天然气换热器 BOG 进口阀 Z2006	Z2006
关闭 BOG/ 天然气换热器 BOG 出口阀 Z2007	Z2007
通知中控室及电工班准备停 MDEA 回流泵	
缓慢关闭 MDEA 回流泵出口阀 Z2038	Z2038
按下电气控制按钮停止循环泵运转	
关闭 MDEA 回流泵进口阀 Z2037	Z2037
确认泵停运，并通知中控室及电工班停机完毕	
通知中控室及电工班准备停胺液循环泵	
缓慢关闭胺液循环泵出口阀 J2006	J2006
按下电气控制按钮停止循环泵运转	
关闭胺液循环泵进口阀 Z2048	Z2048
确认泵停运，并通知中控室及电工班停机完毕	

操作对象描述	操作对象位号
关闭吸收塔底部出口阀 Z2011	Z2011
关闭一级机械过滤器进口阀 Z2015	Z2015
关闭一级机械过滤器出口阀 Z2017	Z2017
关闭活性炭过滤器进口阀 Z2020	Z2020
关闭活性炭过滤器出口阀 Z2022	Z2022
关闭二级机械过滤器进口阀 Z2025	Z2025
关闭二级机械过滤器出口阀 Z2027	Z2027
关闭贫富液换热器富液进口阀 Z2030	Z2030
关闭贫富液换热器富液出口阀 Z2032	Z2032
关闭再生塔富液进口阀 Z2033	Z2033
关闭回流空冷器进口阀 J2003	J2003
关闭回流空冷器出口阀 J2004	J2004
关闭重沸器热煤油进口阀 Z2042	Z2042
关闭重沸器热煤油出口阀 Z2043	Z2043
确认热煤油循环已关闭	
关闭贫富液换热器贫液出口阀 Z2044	Z2044
关闭贫液空冷器进口阀 J2008	J2008
关闭贫液空冷器出口阀 J2009	J2009
关闭吸收塔贫液进口阀 Z2051	Z2051
关闭塔顶分离器排液阀 LV2001	LV2001
关闭吸收塔富液出口阀 LV2002	LV2002
关闭再生塔回流富液进口阀 LV2003	LV2003
关闭贫富液换热器贫液出口阀 LV2004	LV2004
关闭吸收塔贫液进口阀 LV2005	LV2005
关闭再生塔富液进口阀 LV2006	LV2006
关闭原料气过滤器进口阀 Z1002	Z1002
关闭卧式过滤器出口阀 Z1014	Z1014
缓慢开启卧式过滤器手动放空阀 Q1003	Q1003
确认卧式过滤器筒体压力表 PIT1005 压力显示已降至 0.2MPa 左右	PIT1005
关闭卧式过滤器手动放空阀 Q1003	Q1003
关闭原料气过滤器出口阀 Z1003	Z1003

操作对象描述	操作对象位号
打开原料气过滤器排污阀 Z1004	Z1004
仔细听排污阀 Z1004 阀内流体声音，一旦听到气流声，立即关闭排污阀 Z1004	Z1004
打开卧式过滤器排污阀 Z1013	Z1013
观察卧式过滤器液位计 LIT1001 数值下降为零	LIT1001
仔细听排污阀 Z1013 阀内流体声音，一旦听到气流声，立即关闭排污阀 Z1013	Z1013
关闭阀门 Z1006	Z1006
关闭阀门 Z1008	Z1008
关闭卧式过滤器进口阀 Z1012	Z1012
确认整体流程已正常停车，向中控室汇报	

任务学习成果

① 每位同学都能熟练掌握工厂整体的工艺原理和重点设备的结构；
② 能任意组合人员配合完成开停车操作；
③ 每位同学都能独立胜任内操和外操岗位的操作。

任务测评标准

测评项目：LNG 工厂整体开停车操作。

测评标准：LNG 工厂整体开停车操作考核评分标准见表 3-4-1-3。

表 3-4-1-3　LNG 工厂整体开停车操作考核表

测评内容	分值	要求及评分标准	扣分	得分	测评记录
步骤汇报	20	以小组为单位汇报开停车操作步骤，要求熟练掌握步骤，能准确快速找出教师任意指出的阀门、设备位置			
准备工作	10	检查和恢复所有阀门至初始状态，检查设备的初始状态，检查协调对讲机			
基本操作	40	① 按正确的操作步骤进行开停车 ② 正确判断阀门的开关方向，切忌用力过大损坏阀门和设备			
文明作业	10	① 着装整齐，文明操作，遵守纪律 ② 操作过程配合默契，无吵闹现象 ③ 操作结束后将所使用工具摆放整齐，确保实训现场整洁			
特殊情况处理	10	对考核过程中出现的临时情况，比如阀门接触不好、阀门打不开等问题能进行正确判断和处理			
时限	10	① 操作步骤汇报时间控制在 10min 内，超时 1min 停止汇报，不计成绩 ② 整个操作时间控制在 10min 内完成，超时 1min 停止操作，不计成绩			
合计					

任务拓展与巩固训练

工厂整体开停工注意事项有哪些？

任务 2 过滤器滤芯更换操作

任务说明

正确进行 V-0101 滤芯的更换操作，结合流媒体资料，熟悉常见设备故障的处理。

任务学习单

任务名称		过滤器滤芯更换操作
任务学习目标	知识目标	• 掌握过滤器、闸阀、循环泵、冷剂泵的结构和工作原理
	能力目标	• 能结合对应工段工艺流程熟练制定节点设备故障的处置方法 • 能正确进行设备故障处置的操作
	素质目标	• 形成团队合作意识 • 能解决在合作处置操作过程中遇到的各种问题
任务完成时间		3 学时
任务完成环境		天然气储运实训基地
任务工具		安全防护用品、绝缘手套、铜制扳手、250mm 扳手、试电笔、记录本、笔、对讲机、虚拟仿真系统、工艺流程图、螺丝刀、扳手、石棉垫片、抹布
完成任务所需知识和能力		• 工厂进厂要求及注意事项 • 掌握相关专业规定：低温介质作业规定、高空及受限空间作业规定
任务要求		• 5 个人配合完成设备故障处置操作，并要求每个人都能胜任内操和外操的相关操作 • 能对操作过程中出现的问题进行分析并解决
任务重点	知识	• 设备的结构和原理，对应工段工艺流程
	技能	• 设备的操作及故障处理，相关工具的使用
任务结果		工艺流程运行正常，仿真平台系统评分 90 分以上

任务实施

一、任务准备

以小组为单位制定过滤器滤芯更换操作步骤。

二、任务实施步骤

表 3-4-2-1 列出了过滤器滤芯更换操作步骤。

表 3-4-2-1　过滤器滤芯更换操作步骤

操作对象描述	操作对象位号
确认保证现场有足够数量的新滤芯	
确认滤芯与规格要求匹配	
确认全新的滤芯表面无油无表面活性剂，以防止起泡	
缓慢关闭过滤进口阀 Z1012	Z1012
缓慢关闭过滤出口阀 Z1014	Z1014
打开排污阀 Z1013	Z1013
打开手动放空阀 Q1003，以避免腔体内形成真空	Q1003
待液体放净后，关闭排污阀 Z1013	Z1013
处理水在过滤器口慢慢灌入过滤器，冲洗滤芯	
打开排污阀 Z1013，排空过滤器	Z1013
关闭排污阀 Z1013	Z1013
用软化水冲洗过滤器，直至水清澈时为止	
用工厂风吹扫过滤器	
确认罐内硫化氢、二氧化碳含量在安全范围内	
更换新的滤芯	
微开过滤器进口阀 Z1012	Z1012
彻底打开手动放空阀 Q1003	Q1003
将液体慢慢注入过滤器，直到在手动放空阀可以看到液体	
关闭手动放空阀 Q1003	Q1003
检查过滤器是否存在泄漏	
检查阀门开关位置是否正确	
缓慢打开过滤进口阀 Z1012	Z1012
缓慢打开过滤出口阀 Z1014	Z1014
确保差压表 PDI1002 显示正常	PDI1002
经常检查过滤器放空口是否有残留气体	
记录滤芯更换时间	

任务学习成果

① 每位同学都能熟练掌握过滤器滤芯更换操作；
② 每位同学都能独立胜任内操和外操岗位的操作。

任务测评标准

测评项目：过滤器滤芯更换操作。

测评标准：过滤器滤芯更换操作考核评分标准见表 3-4-2-2。

表 3-4-2-2　过滤器滤芯更换操作考核表

测评内容	分值	要求及评分标准	扣分	得分	测评记录
步骤汇报	20	以小组为单位汇报设备故障处理操作步骤，要求熟练掌握步骤，能准确快速找出教师任意指出的设备附件位置			
准备工作	10	检查和恢复所有阀门至初始状态，检查设备的初始状态，检查协调对讲机			
基本操作	40	① 按正确的操作步骤进行工段工艺状态确认 ② 正确判断阀门的开关方向，切忌用力过大损坏阀门和设备			
文明作业	10	① 着装整齐，文明操作，遵守纪律 ② 操作过程配合默契，无吵闹现象 ③ 操作结束后将所使用工具摆放整齐，确保实训现场整洁			
特殊情况处理	10	对考核过程中出现的临时情况，比如阀门接触不好、阀门打不开等问题能进行正确判断和处理			
时限	10	① 操作步骤汇报时间控制在 10min 内，超时 1min 停止汇报，不计成绩 ② 整个操作时间控制在 10min 内完成，超时 1min 停止操作，不计成绩			
合计					

任务拓展与巩固训练

以下为流媒体学习拓展训练项目：泵前过滤器堵塞应急处置；处理闸阀或截止阀转动不灵活故障；处理闸阀阀杆锈蚀故障；胺液循环泵有异响或漏液；及其他类型泵的故障处理。

M3-15　更换压力表操作规程

M3-16　差压变送器操作维护规程

M3-17　压力变送器操作维护规程

笔记

任务3 净化气中 CO_2 含量超标

任务说明

正确操作处理好脱酸单元 CO_2 含量分析仪数值异常升高问题。

任务学习单

任务名称		净化气中 CO_2 含量超标
任务学习目标	知识目标	• 掌握脱酸单元 CO_2 含量异常超标的原因
	能力目标	• 能结合对应工段工艺流程，熟练制定关键工艺指标的控制方法 • 能正确进行工艺指标稳定处置的操作
	素质目标	• 形成团队合作意识 • 能解决在合作处置操作过程中遇到的各种问题
任务完成时间		2 学时
任务完成环境		天然气储运实训基地
任务工具		安全防护用品、绝缘手套、铜制扳手、250mm 扳手、试电笔、记录本、笔、对讲机、虚拟仿真系统、工艺流程图、螺丝刀、扳手、石棉垫片、抹布
完成任务所需知识和能力		• 工厂进厂要求及注意事项 • 掌握相关专业规定：低温介质作业规定、高空及受限空间作业规定
任务要求		• 5 个人配合完成工艺指标的稳定控制操作，并要求每个人都能胜任内操和外操的相关操作 • 能对操作过程中出现的问题进行分析并解决
任务重点	知识	• 设备的结构和原理，对应工段工艺流程和质量指标的控制原理
	技能	• 设备的操作及维持工艺指标稳定的处理，相关工具的使用
任务结果		工艺流程运行正常，仿真平台系统评分 90 分以上

任务实施

一、任务准备

以小组为单位制定脱酸单元二氧化碳含量超标处理操作步骤。

二、任务实施步骤

脱酸单元净化气中 CO_2 含量超标处理操作步骤

初始状态：与脱酸单元停车操作一致。

原因1：胺液酸气负荷较大。

措施：提高气动阀开度，适当加快胺液循环量。

原因2：胺液再生质量较差。

措施：停止空冷器AC0303运转，适当提高再生塔塔顶温度。

原因3：吸收塔内胺液发泡。

措施：略（详见胺液发泡故障）。

原因4：贫富液换热器管壳程串漏。

措施：脱酸单元停车，关闭SDV2004、Z2030、Z2032，打开Z2031，待排污完毕后检修E0301。

① 拆掉贫富液进出口管线法兰螺栓，如图3-4-3-1所示。

图3-4-3-1　贫富液进出口管线法兰螺栓

② 拆掉两端浮头螺栓，取下浮头（四个都取），两端浮头螺栓如图3-4-3-2所示。取下浮头后，两端浮头截面均如图3-4-3-3所示。

图3-4-3-2　两端浮头螺栓　　　　图3-4-3-3　两端浮头截面

③ 在贫液进出口接入清水管线，清水由底部进入，顶部排出，如图3-4-3-4所示。

④ 注入清水。

⑤ 观察发现其中一个孔洞内（随机挑一个）有水流出，判定此根管存在渗漏。

⑥ 停止注水。

⑦ 用堵头将此管两端封堵，如图3-4-3-5所示。

⑧ 重新注水，确认此管不再流水。

⑨ 拆除清水管线，装好浮头，接好贫富液进出口管线，修复完成，检修完毕后重新开车。

(a) 进口   (b) 出口

图 3-4-3-4　清水进出口管线

图 3-4-3-5　堵头

任务学习成果

① 每位同学都能熟练掌握脱酸单元净化气中 CO_2 含量超标处理操作；

② 每位同学都能独立胜任内操和外操岗位的操作。

任务测评标准

测评项目：脱酸单元净化气中 CO_2 含量超标处理操作。

测评标准：脱酸单元净化气中 CO_2 含量超标处理操作考核评分标准见表 3-4-3-1。

表 3-4-3-1　脱酸单元净化气中 CO_2 含量超标处理操作考核表

测评内容	分值	要求及评分标准	扣分	得分	测评记录
步骤汇报	20	以小组为单位汇报设备工艺指标处理操作步骤，要求熟练掌握步骤，能准确快速找出教师任意指出的需要控制设备的位置			
准备工作	10	检查和恢复所有阀门至初始状态，检查设备的初始状态，检查协调对讲机			
基本操作	40	① 按正确的操作步骤进行工段工艺状态确认 ② 正确判断阀门的开关方向，切忌用力过大损坏阀门和设备			
文明作业	10	① 着装整齐，文明操作，遵守纪律 ② 操作过程配合默契，无吵闹现象 ③ 操作结束后将所使用工具摆放整齐，确保实训现场整洁			
特殊情况处理	10	对考核过程中出现的临时情况，比如阀门接触不好、阀门打不开等问题能进行正确判断和处理			
时限	10	① 操作步骤汇报时间控制在 10min 内，超时 1min 停止汇报，不计成绩 ② 整个操作时间控制在 10min 内完成，超时 1min 停止操作，不计成绩			
合计					

1. MEDA 系统溶液发泡:

初始状态:与脱酸单元停车操作一致。

现象:V0301 的液位 LIT2002 显示数值异常升高。

原因 1:胺液温度过低。

措施:关闭 AC0302,使空冷器停止运转,适当提高胺液温度。

原因 2:胺液内杂质含量过多。

措施:打开 Z2019、Z2024、Z2029,关闭 Z2015、Z2017、Z2020、Z2022、Z2025、Z2027。更换 FT0301、FT0302、FT0303 滤芯。

原因 3:吸收塔工作压差过大。

措施:降低原料气进口压力。

原因 4:溶液易形成泡沫。

措施:加入少量消泡剂,降低溶液的起泡和泡沫的稳定。

2. 产品气含水偏高的原因及处理方法:

初始状态:与脱水、脱汞单元停车操作一致。

现象:水含量分析仪 S3001 显示数值异常升高。

原因 1:原料气进气量过大。

措施:减小分子筛吸收塔 A 进气阀门 KV3001 开度。

原因 2:分子筛吸附剂趋近饱和。

措施:切换分子筛吸收塔,由 A 塔吸附 B 塔再生切换为 A 塔再生 B 塔吸附。

分子筛吸收塔切换:

初始状态:A 正输、B 反输。A 塔 3001、3006 开,B 塔 3005、3010 开。

切换:关闭 B 塔 3005、3010,再打开 B 塔 3004、3009;关闭 A 塔 3001、3006,再打开 A 塔 3002、3007。

任务4 气体和液体泄漏、着火应急处置操作

任务说明

正确操作处理好 LNG 工厂内气、液体泄漏、着火问题。

任务学习单

任务名称		气体和液体泄漏、着火应急处置操作
任务学习目标	知识目标	• 掌握 LNG 火灾特点与预防 • LNG 防火措施与消防应急救援常识
	能力目标	• 能结合对应工段工艺流程熟练制定 LNG 储罐区消防措施与应急预案 • 对 LNG 冻伤的防护与处理 • 能正确进行气、液泄漏或着火应急处置的操作
	素质目标	• 形成团队合作意识 • 能解决在合作处置操作过程中遇到的各种问题
任务完成时间		5 学时
任务完成环境		天然气储运实训基地
任务工具		安全防护用品、绝缘手套、铜制扳手、250mm 扳手、试电笔、记录本、笔、对讲机、虚拟仿真系统、工艺流程图、螺丝刀、扳手、石棉垫片、抹布
完成任务所需知识和能力		• 工厂进厂要求及注意事项 • 掌握相关专业规定：低温介质作业规定、高空及受限空间作业规定、（美国）液化天然气（LNG）生产、储存和转运标准（NFPA-59A-LNG）等
任务要求		• 5 个人配合完成气、液泄漏或着火应急处置的操作，并要求每个人都能胜任内操和外操的相关操作 • 能对操作过程中出现的问题进行分析并解决
任务重点	知识	• LNG 防火措施与消防应急处置救援常识
	技能	• 能进行气、液泄漏或着火应急处置的操作 • 相关工具的使用
任务结果		工艺流程运行正常，仿真平台系统评分 90 分以上

任务实施

一、任务准备

以小组为单位制定气体和液体泄漏、着火应急处置操作。

二、任务实施步骤

表 3-4-4-1 至表 3-4-4-3 列出了 Z4030、Z1015、J8008 法兰处液体、气体泄漏导致着火应急处置操作步骤。

表 3-4-4-1　Z4030 法兰处液体泄漏应急处置操作步骤

操作对象描述	操作对象位号
Z4030 法兰连接处有液体泄漏	Z4030
故障报警灯亮	
故障报警喇叭鸣响	
中控室 ESD 控制柜按下"全场紧急停车"按钮	
进口端紧急关断阀 SDV1001 关闭	SDV1001
过滤分离器出水口紧急关断阀 SDV1002 关闭	SDV1002
吸收塔塔底富液出口紧急关断阀 SDV2001 关闭	SDV2001
塔顶分离器排液紧急关断阀 SDV2002 关闭	SDV2002
闪蒸罐富液出口紧急关断阀 SDV2003 关闭	SDV2003
再生塔塔底贫液出口紧急关断阀 SDV2004 关闭	SDV2004
BOG/ 天然气换热器 BOG 进口紧急关断阀 SDV2005 关闭	SDV2005
再生气分离器出水口阀 SDV3001 关闭	SDV3001
冷箱原料气进口阀 SDV5001 关闭	SDV5001
冷箱 LNG 去储罐阀 SDV5002 关闭	SDV5002
重烃分离器底部气体出口阀 SDV5003 关闭	SDV5003
乙烯储罐出口阀 SDV5004 关闭	SDV5004
螺杆压缩机进口阀 SDV6001 关闭	SDV6001
压缩机出口冷却器冷吹气出口阀 SDV6002 关闭	SDV6002
LNG 储罐出口紧急切断阀 SDV8001 关闭	SDV8001
LNG 储罐气入口紧急切断阀 SDV8002 关闭	SDV8002
回流泵 P0301A 紧急停车	P0301A
贫液循环泵 P0302A 紧急停车	P0302A
LNG 升压泵 P4001 紧急停车	P4001
压缩机级间冷剂泵 P0501A 紧急停车	P0501A
冷剂泵 P0502A 紧急停车	P0502A
润滑油泵 P0601 紧急停车	P0601
冷剂压缩机 C0501 紧急停车	C0501

操作对象描述	操作对象位号
螺杆式压缩机 C0601 紧急停车	C0601
再生气回收压缩机 C0701 紧急停车	C0701
检修 Z4030	Z4030
中控室 ESD 控制柜复位"全场紧急停车"按钮	
进口端紧急关断阀 SDV1001	SDV1001
过滤分离器出水口紧急关断阀 SDV1002	SDV1002
吸收塔塔底富液出口紧急关断阀 SDV2001	SDV2001
塔顶分离器排液紧急关断阀 SDV2002	SDV2002
闪蒸罐富液出口紧急关断阀 SDV2003	SDV2003
再生塔塔底贫液出口紧急关断阀 SDV2004 开启	SDV2004
BOG/天然气换热器 BOG 进口紧急关断阀 SDV2005 开启	SDV2005
再生气分离器出水口阀 SDV3001 开启	SDV3001
冷箱原料气进口阀 SDV5001 开启	SDV5001
冷箱 LNG 去储罐阀 SDV5002 开启	SDV5002
重烃分离器底部气体出口阀 SDV5003 开启	SDV5003
乙烯储罐出口阀 SDV5004 开启	SDV5004
螺杆压缩机进口阀 SDV6001 开启	SDV6001
压缩机出口冷却器冷吹气出口阀 SDV6002 开启	SDV6002
LNG 储罐出口紧急切断阀 SDV8001 开启	SDV8001
LNG 储罐气入口紧急切断阀 SDV8002 开启	SDV8002
回流泵 P0301A 开启	P0301A
贫液循环泵 P0302A 开启	P0302A
LNG 升压泵 P4001 开启	P4001
压缩机级间冷剂泵 P0501A 开启	P0501A
冷剂泵 P0502A 开启	P0502A
润滑油泵 P0601 开启	P0601
冷剂压缩机 C0501 开启	C0501
螺杆式压缩机 C0601 开启	C0601
再生气回收压缩机 C0701 开启	C0701

表 3-4-4-2　Z1015 法兰处液体泄漏应急处置操作步骤

操作对象描述	操作对象位号
Z1015 法兰连接处有液体泄漏	Z1015
故障报警灯亮	
故障报警喇叭鸣响	
中控室 ESD 控制柜按下"全场紧急停车"按钮	
进口端紧急关断阀 SDV1001 关闭	SDV1001
过滤分离器出水口紧急关断阀 SDV1002 关闭	SDV1002
吸收塔塔底富液出口紧急关断阀 SDV2001 关闭	SDV2001
塔顶分离器排液紧急关断阀 SDV2002 关闭	SDV2002
闪蒸罐富液出口紧急关断阀 SDV2003 关闭	SDV2003
再生塔塔底贫液出口紧急关断阀 SDV2004 关闭	SDV2004
BOG/ 天然气换热器 BOG 进口紧急关断阀 SDV2005 关闭	SDV2005
再生气分离器出水口阀 SDV3001 关闭	SDV3001
冷箱原料气进口阀 SDV5001 关闭	SDV5001
冷箱 LNG 去储罐阀 SDV5002 关闭	SDV5002
重烃分离器底部气体出口阀 SDV5003 关闭	SDV5003
乙烯储罐出口阀 SDV5004 关闭	SDV5004
螺杆压缩机进口阀 SDV6001 关闭	SDV6001
压缩机出口冷却器冷吹气出口阀 SDV6002 关闭	SDV6002
LNG 储罐出口紧急切断阀 SDV8001 关闭	SDV8001
LNG 储罐气入口紧急切断阀 SDV8002 关闭	SDV8002
回流泵 P0301A 紧急停车	P0301A
贫液循环泵 P0302A 紧急停车	P0302A
LNG 升压泵 P4001 紧急停车	P4001
压缩机级间冷剂泵 P0501A 紧急停车	P0501A
冷剂泵 P0502A 紧急停车	P0502A
润滑油泵 P0601 紧急停车	P0601
冷剂压缩机 C0501 紧急停车	C0501
螺杆式压缩机 C0601 紧急停车	C0601
再生气回收压缩机 C0701 紧急停车	C0701
检修 Z1015	Z1015
中控室 ESD 控制柜复位"全场紧急停车"按钮	

操作对象描述	操作对象位号
进口端紧急关断阀 SDV1001	SDV1001
过滤分离器出水口紧急关断阀 SDV1002	SDV1002
吸收塔塔底富液出口紧急关断阀 SDV2001	SDV2001
塔顶分离器排液紧急关断阀 SDV2002	SDV2002
闪蒸罐富液出口紧急关断阀 SDV2003	SDV2003
再生塔塔底贫液出口紧急关断阀 SDV2004 开启	SDV2004
BOG/天然气换热器 BOG 进口紧急关断阀 SDV2005 开启	SDV2005
再生气分离器出水口阀 SDV3001 开启	SDV3001
冷箱原料气进口阀 SDV5001 开启	SDV5001
冷箱 LNG 去储罐阀 SDV5002 开启	SDV5002
重烃分离器底部气体出口阀 SDV5003 开启	SDV5003
乙烯储罐出口阀 SDV5004 开启	SDV5004
螺杆压缩机进口阀 SDV6001 开启	SDV6001
压缩机出口冷却器冷吹气出口阀 SDV6002 开启	SDV6002
LNG 储罐出口紧急切断阀 SDV8001 开启	SDV8001
LNG 储罐气入口紧急切断阀 SDV8002 开启	SDV8002
回流泵 P0301A 开启	P0301A
贫液循环泵 P0302A 开启	P0302A
LNG 升压泵 P4001 开启	P4001
压缩机级间冷剂泵 P0501A 开启	P0501A
冷剂泵 P0502A 开启	P0502A
润滑油泵 P0601 开启	P0601
冷剂压缩机 C0501 开启	C0501
螺杆式压缩机 C0601 开启	C0601
再生气回收压缩机 C0701 开启	C0701

表 3-4-4-3　J8008 法兰连接处有气体泄漏导致着火爆炸事故应急处置操作步骤

操作对象描述	操作对象位号
J8008 法兰连接处有气体泄漏导致着火爆炸事故	J8008
故障报警灯亮	
故障报警喇叭鸣响	
中控室 ESD 控制柜按下"全场紧急停车"按钮	

操作对象描述	操作对象位号
进口端紧急关断阀 SDV1001 关闭	SDV1001
过滤分离器出水口紧急关断阀 SDV1002 关闭	SDV1002
吸收塔塔底富液出口紧急关断阀 SDV2001 关闭	SDV2001
塔顶分离器排液紧急关断阀 SDV2002 关闭	SDV2002
闪蒸罐富液出口紧急关断阀 SDV2003 关闭	SDV2003
再生塔塔底贫液出口紧急关断阀 SDV2004 关闭	SDV2004
BOG/ 天然气换热器 BOG 进口紧急关断阀 SDV2005 关闭	SDV2005
再生气分离器出水口阀 SDV3001 关闭	SDV3001
冷箱原料气进口阀 SDV5001 关闭	SDV5001
冷箱 LNG 去储罐阀 SDV5002 关闭	SDV5002
重烃分离器底部气体出口阀 SDV5003 关闭	SDV5003
乙烯储罐出口阀 SDV5004 关闭	SDV5004
螺杆压缩机进口阀 SDV6001 关闭	SDV6001
压缩机出口冷却器冷吹气出口阀 SDV6002 关闭	SDV6002
LNG 储罐出口紧急切断阀 SDV8001 关闭	SDV8001
LNG 储罐气入口紧急切断阀 SDV8002 关闭	SDV8002
回流泵 P0301A 紧急停车	P0301A
贫液循环泵 P0302A 紧急停车	P0302A
LNG 升压泵 P4001 紧急停车	P4001
压缩机级间冷剂泵 P0501A 紧急停车	P0501A
冷剂泵 P0502A 紧急停车	P0502A
润滑油泵 P0601 紧急停车	P0601
冷剂压缩机 C0501 紧急停车	C0501
螺杆式压缩机 C0601 紧急停车	C0601
再生气回收压缩机 C0701 紧急停车	C0701
检修 J8008	J8008
中控室 ESD 控制柜复位 "全场紧急停车" 按钮	
进口端紧急关断阀 SDV1001	SDV1001
过滤分离器出水口紧急关断阀 SDV1002	SDV1002
吸收塔塔底富液出口紧急关断阀 SDV2001	SDV2001
塔顶分离器排液紧急关断阀 SDV2002	SDV2002

操作对象描述	操作对象位号
闪蒸罐富液出口紧急关断阀 SDV2003	SDV2003
再生塔塔底贫液出口紧急关断阀 SDV2004 开启	SDV2004
BOG/ 天然气换热器 BOG 进口紧急关断阀 SDV2005 开启	SDV2005
再生气分离器出水口阀 SDV3001 开启	SDV3001
冷箱原料气进口阀 SDV5001 开启	SDV5001
冷箱 LNG 去储罐阀 SDV5002 开启	SDV5002
重烃分离器底部气体出口阀 SDV5003 开启	SDV5003
乙烯储罐出口阀 SDV5004 开启	SDV5004
螺杆压缩机进口阀 SDV6001 开启	SDV6001
压缩机出口冷却器冷吹气出口阀 SDV6002 开启	SDV6002
LNG 储罐出口紧急切断阀 SDV8001 开启	SDV8001
LNG 储罐气入口紧急切断阀 SDV8002 开启	SDV8002
回流泵 P0301A 开启	P0301A
贫液循环泵 P0302A 开启	P0302A
LNG 升压泵 P4001 开启	P4001
压缩机级间冷剂泵 P0501A 开启	P0501A
冷剂泵 P0502A 开启	P0502A
润滑油泵 P0601 开启	P0601
冷剂压缩机 C0501 开启	C0501
螺杆式压缩机 C0601 开启	C0601
再生气回收压缩机 C0701 开启	C0701

任务学习成果

① 每位同学都能熟练掌握气体和液体泄漏、着火应急处置操作；
② 每位同学都能独立胜任内操和外操岗位的操作。

任务测评标准

测评项目：气体和液体泄漏、着火应急处置操作。

测评标准：气体和液体泄漏、着火应急处置操作考核评分标准见表 3-4-4-4。

表 3-4-4-4　气体和液体泄漏、着火应急处置操作考核表

测评内容	分值	要求及评分标准	扣分	得分	测评记录
步骤汇报	20	以小组为单位汇报气体和液体泄漏、着火应急处置操作步骤，要求熟练掌握步骤，能准确快速找出教师任意指出的需要控制设备的位置			
准备工作	10	检查和恢复所有阀门至初始状态，检查设备的初始状态，检查协调对讲机			
基本操作	40	①按正确的操作步骤进行工段工艺状态确认 ②正确判断阀门的开关，切忌用力过大损坏阀门和设备			
文明作业	10	①着装整齐，文明操作，遵守纪律 ②操作过程配合默契，无吵闹现象 ③操作结束后将所使用工具摆放整齐，确保实训现场整洁			
特殊情况处理	10	对考核过程中出现的临时情况，比如阀门接触不好、阀门打不开等问题能进行正确判断和处理			
时限	10	①操作步骤汇报时间控制在10min内，超时1min停止汇报，不计成绩 ②整个操作时间控制在10min内完成，超时1min停止操作，不计成绩			
合计					

任务拓展与巩固训练

如何进行 LNG 工厂内事故的风险识别？

模块四
液化天然气
接收站

>>>

项目一　　　液化天然气装卸工艺操作

项目导读

　　LNG 接收站是指储存液化天然气然后往外输送天然气的装置。LNG 接收站包括 LNG 码头和 LNG 储罐区。实施 LNG 冷能利用，可以减少冷污染，并提升能源综合利用水平。LNG 冷能的利用领域很广泛：可以根据天然气的送出条件选用燃机方式或膨胀方式，利用 LNG 冷能发电；可在 LNG 接收站旁边建低温冷库，利用 LNG 冷能冷冻食品；还可以利用 LNG 冷能低温干燥与粉碎，应用于医药和食品行业；利用 LNG 冷能液化二氧化碳，应用在焊接、消防、冷冻食品等方面；还可利用 LNG 冷能分离空气，生产液氮、液氧和液氩等。图 4-1-1 所示为 LNG 接收站仿真图。

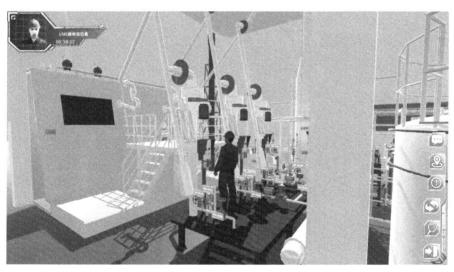

图 4-1-1　LNG 接收站仿真图

项目学习单

项目名称		LNG 装卸工艺操作	
项目学习目标	知识目标	• 掌握 LNG 卸船的工艺流程 • 掌握 LNG 装车的工艺流程	
	能力目标	• 能正确进行 LNG 卸船的操作 • 能正确进行 LNG 装车的操作	
	素质目标	• 锻炼团队协作能力 • 锻炼职业素养 • 形成责任意识和安全工作态度	
学时		20	任务学时
工作任务	任务 1	LNG 卸船	10
	任务 2	LNG 装车	10

任务 1　液化天然气卸船

任务说明

LNG 运输船靠泊码头后，卸料臂将船上 LNG 输出管线与岸上卸船管线连接起来，船上潜液泵加压将 LNG 输送到终端储罐内。卸船作业期间，LNG 船舱内液位下降，为防止形成负压，将岸上储罐内一部分蒸发气加压后经回气管线及回气臂送至船上储罐内。作业开始前要使用储罐内 LNG 对卸料臂进行预冷，预冷完毕后再将卸船量逐步增加至正常输量，作业完毕后使用氮气吹扫卸料臂及管线。卸船管线上配备取样器，用于卸料前取样分析 LNG 的组分、密度、热值等。

M4-1 LNG
低温运输船

某 LNG 接收站建成或检修后，所有准备工作均已完成，具备正常接收 LNG 开车条件，请完成卸船操作。

任务学习单

任务名称		LNG 卸船
任务学习目标	知识目标	• 正确绘制 LNG 卸船工艺流程图 • 认识 LNG 卸船流程中每个设备 • 掌握并能描述 LNG 卸船工艺流程 • 理解 LNG 船卸料臂、回气臂、潜液泵等关键设备的工作原理
	能力目标	• 能根据工艺流程熟练进行 LNG 卸船操作步骤
	素质目标	• 形成团队合作意识 • 能灵活合理解决在小组操作过程中遇到的各种实际问题
任务完成时间		10 学时
任务完成环境		LNG 接收站实训室
任务工具		虚拟化工仿真系统、工艺流程图、螺丝刀、扳手、对讲机、电池、工作卡、工作服、安全帽、手套、棉纱或棉布
完成任务所需知识和能力		• LNG 接收站进站要求及注意事项 • 阀门操作方法 • 熟悉 LNG 接收站工艺流程
任务要求		两个人配合完成卸车的操作，并要求每位学员都能胜任内操和外操的相关操作；能对操作过程中出现的问题进行分析并解决
任务重点	知识	正确理解 LNG 接收站的工艺流程
	技能	熟练掌握 LNG 卸船的操作
任务结果		• 绘制 LNG 卸船工艺流程图 • 正确操作 LNG 接收站卸船作业

知识链接

LNG 卸船工艺系统由卸料臂、卸船管线、蒸发气回气臂、LNG 取样器、蒸发气回气管线及 LNG 循环保冷管线组成。

M4-2 潜液泵

　　LNG 通过船上的**卸料泵**将 LNG 从船舱排出。通过卸料臂进行卸船，并通过卸船管线和再循环管线将 LNG 输送到岸上的 LNG 储罐，同时为了维持 LNG 船舱的压力，所需的气体通过 LNG 回气臂从岸上的 BOG 总管返回。因此在卸船过程中，BOG 总管的工作压力必须高于 LNG 运输船的工作压力，以便气体可以自然地从 BOG 总管流向船中。返回 LNG 船的蒸汽压力由调节阀控制。

　　卸船操作完成后断开臂以前，将卸料臂排空并在臂的顶部供应工作氮气进行吹扫。LNG 被迫返回到 LNG 船和 LNG 接收站的码头排放罐。码头排放罐中的 LNG 可以用排放罐电加热器对 LNG 进行加热，通过蒸汽回流管线将产生的蒸汽输送到 BOG 总管。还可以通过 N_2 加压的方式排放 LNG 至卸料管线。LNG 卸料及排放流程如图 4-1-1-1 所示。

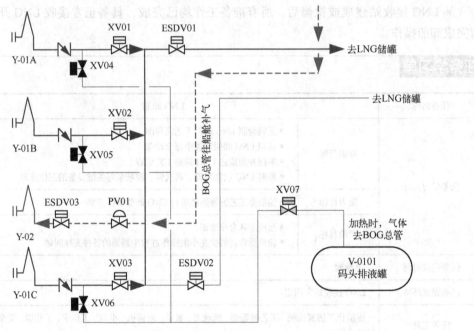

图 4-1-1-1　LNG 卸料及排放流程图

M4-3 LNG 安全卸放系统

　　卸船完成后在码头备用期间，必须用少量的 LNG 循环维持卸船管线的低温状态。循环过程是将部分 LNG 从罐内泵排放到卸船管线中，然后到循环管线，最后到再冷凝器的过程。通过调节阀控制循环流量，使 LNG 沿管线循环回码头这一过程中的温升不超过 4℃，以防卸船开始时"温热"的 LNG 被推入罐中时出现大量闪蒸现象。在卸船过程中循环中断，循环管线与卸船管线并行操作，但在每次卸船操作之后重新建立循环。

任务实施

一、任务准备

　　以小组为单位制定 LNG 卸船操作步骤。

二、任务实施步骤

1. 系统登录说明

① 双击桌面 DCS 图标。

② 打开 WinCC 项目管理器，待运行符号变为蓝色，点击运行三角符号，运行管理器。

③ 进入系统登录界面，点击右下角"欢迎进入 HSE 系统"。

④ 进入系统界面，点击下方"LNG 接收站"。

⑤ 进入"LNG 卸船"环节。注意操作前，先检查阀门和设备状态，屏幕上阀门显示蓝色代表关闭，阀门显示绿色代表打开。开车操作前，先将流程中所有阀门关闭（即所有阀门颜色为蓝色）。

2. LNG 卸船操作步骤

表 4-1-1-1 所示为 LNG 卸船操作步骤。

表 4-1-1-1　LNG 卸船操作步骤

操作对象描述	操作对象位号
连接卸料臂和回气臂，连接完成后进行氮气气密性实验和置换	
开阀门 XV-4112	XV-4112
开阀门 XV-4113	XV-4113
开阀门 XV-4114，保压 1min	XV-4114
用泡沫水对法兰连接处进行气密实验，合格后，开阀门 XV-4115	XV-4115
开阀门 XV-4116	XV-4116
开阀门 XV-4117	XV-4117
开阀门 XV-4118	XV-4118
开阀门 XV-4122	XV-4122
开阀门 XV-4123，分别对两套卸料臂和回气臂进行氮气置换	XV-4123
置换 1min 后，关闭阀门 XV-4112	XV-4112
关闭阀门 XV-4113	XV-4113
关闭阀门 XV-4114	XV-4114
关闭阀门 XV-4115	XV-4115
关闭阀门 XV-4116	XV-4116
关闭阀门 XV-4117	XV-4117
关闭阀门 XV-4118	XV-4118
开气动球阀 KIV-4105	KIV-4105
开气动球阀 KIV-4103	KIV-4103
开阀门 XV-4108	XV-4108
开阀门 XV-4109	XV-4109

操作对象描述	操作对象位号
开阀门 XV-4127	XV-4127
启动低压潜液泵 P-4101A	P-4101A
开阀门 XV-4130，管道预冷 1min	XV-4130
结束后关低压潜液泵 P-4101A	P-4101A
关闭阀门 XV-4130	XV-4130
关闭气动球阀 KIV-4105	KIV-4105
关闭阀门 XV-4108	XV-4108
关闭阀门 XV-4127	XV-4127
开阀门 XV-4103	XV-4103
开阀门 XV-4106	XV-4106
开阀门 XV-4129，气相平衡	XV-4129
开阀门 XV-4101	XV-4101
开阀门 XV-4102	XV-4102
开阀门 XV-4104	XV-4104
开阀门 XV-4105	XV-4105
开阀门 XV-4126	XV-4126
开气动球阀 KIV-4101	KIV-4101
开气动球阀 KIV-4102	KIV-4102
通知船上人员启动船上的输送泵，向全容罐 A 送 LNG	
接到卸液结束指令后，船上人员停输送泵，关气动球阀 KIV-4101	KIV-4101
关气动球阀 KIV-4102	KIV-4102
关阀门 XV-4101	XV-4101
关阀门 XV-4102	XV-4102
关阀门 XV-4104	XV-4104
关阀门 XV-4105	XV-4105
关阀门 XV-4109	XV-4109
关气动球阀 KIV-4103	KIV-4103
关阀门 XV-4126	XV-4126
关阀门 XV-4103	XV-4103
关阀门 XV-4106	XV-4106
关阀门 XV-4129	XV-4129

操作对象描述	操作对象位号
开阀门 XV-4115	XV-4115
开阀门 XV-4116	XV-4116
开阀门 XV-4117	XV-4117
开阀门 XV-4119	XV-4119
将残液排至收集罐内，关闭阀门 XV-4119	XV-4119
开阀门 XV-4118	XV-4118
开阀门 XV-4112	XV-4112
开阀门 XV-4113	XV-4113
开阀门 XV-4114，用氮气进行置换，1min 后，断开卸料臂，卸液结束	XV-4114
置换后，关闭阀门 XV-4112	XV-4112
关闭阀门 XV-4113	XV-4113
关闭阀门 XV-4114	XV-4114
关闭阀门 XV-4115	XV-4115
关闭阀门 XV-4116	XV-4116
关闭阀门 XV-4117	XV-4117
关闭阀门 XV-4118	XV-4118

任务学习成果

M4-4 LNG 卸
船及存储操作

① 每位同学都能熟练掌握 LNG 卸船操作步骤；

② 能任意两人配合完成 LNG 卸船操作；

③ 每位同学都能独立胜任内操和外操岗位的操作。

任务测评标准

测评项目：LNG 卸船正确操作。

测评标准：LNG 卸船操作考核评分标准见表 4-1-1-2。

表 4-1-1-2　LNG 卸船操作考核表

测评内容	分值	要求及评分标准	扣分	得分	测评记录
步骤汇报	20	以小组为单位汇报 LNG 卸船操作步骤，要求熟练掌握步骤，能准确快速识别本工艺流程所涉及的所有阀门及管道			
准备工作	10	检查和恢复所有阀门至初始状态，检查系统状态及潜液泵的初始状态，检查协调对讲机			

测评内容	分值	要求及评分标准	扣分	得分	测评记录
基本操作	40	① 按正确的操作步骤进行 LNG 卸船 ② 正确判断阀门的开关方向，切忌用力过大损坏阀门和设备 ③ 顺利进行 LNG 卸船操作，完成任务			
文明作业	10	① 着装整齐，文明操作，遵守纪律 ② 操作过程配合默契，无吵闹现象 ③ 操作结束后将所使用工具摆放整齐，确保实训现场整洁			
特殊情况处理	10	对考核过程中出现的临时情况，如潜液泵工作异常、全容罐液位上升异常等问题能够进行正确判断和及时处理			
时限	10	① 操作步骤汇报时间控制在 5min 内，超时 1min 停止汇报，不能进行操作 ② 整个操作时间控制在 30min 内完成，超时操作，不计成绩			
合计					

任务拓展与巩固训练

潜液泵的工作原理是什么？其操作的注意事项有哪些？

任务2 液化天然气装车

任务说明

某 LNG 接收站所有准备工作均已完成，具备正常接收 LNG 装车条件，请完成装车操作。

明确任务：将来自 LNG 储罐的 LNG，通过低温泵输送，经 LNG 装车站装车鹤臂安全装入 LNG 槽车。

任务学习单

任务名称		LNG 装车
任务学习目标	知识目标	• 掌握 LNG 装车工艺流程 • 了解高压输出泵、气化器的结构及工作原理
	能力目标	能根据工艺流程熟练进行 LNG 装车操作步骤
	素质目标	• 形成团队合作意识 • 能解决在合作操作过程中遇到的各种问题
任务完成时间		10 学时
任务完成环境		LNG 接收站实训室
任务工具		虚拟化工仿真系统、工艺流程图、螺丝刀、扳手、对讲机、电池、工作卡、工作服、安全帽、手套、棉纱或棉布
完成任务所需知识和能力		• LNG 接收站进站要求及注意事项 • 熟悉 LNG 接收站工艺流程
任务要求		• 两个人配合完成装车操作，并要求每个人都能胜任内操和外操的相关操作 • 能对操作过程中出现的问题进行分析并解决
任务重点	知识	• 正确理解 LNG 装车工艺流程 • 了解高压输出泵、气化器的结构及工作原理
	技能	熟练掌握高压输出泵、气化器的操作及故障处理
任务结果		• 正确绘制 LNG 接收站装车工艺流程 • 正确操作 LNG 接收站装车作业

知识链接

一、LNG 装车工艺流程

图 4-1-2-1 所示为 LNG 装车工艺流程图。将 LNG 储罐内的液化甲烷，经装车泵通过液相装车管线至 LNG 装车站，各装车臂残余 LNG 液体由回流管线返回 LNG 储罐，达到管线预冷及回流的作用。LNG 槽车内的气体通过气相装车臂和气相管线回到 LNG 储罐。

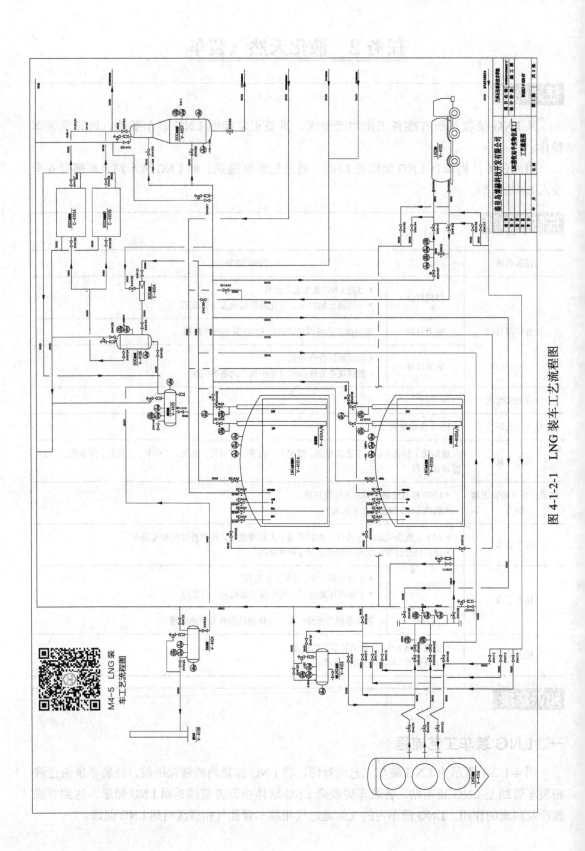

图 4-1-2-1 LNG 装车工艺流程图

一、任务准备

以小组为单位制定 LNG 装车操作步骤。

二、任务实施步骤

表 4-1-2-1 所示为 LNG 装车操作步骤。

表 4-1-2-1　LNG 装车操作步骤

操作对象描述	操作对象位号
连接装车臂和回气臂，连接完成后进行氮气气密性实验和置换	
开阀门 XV-4146	XV-4146
开阀门 XV-4147，保压 1min	XV-4147
用泡沫水对法兰连接处进行气密性实验，合格后，开阀门 XV-4144	XV-4144
开阀门 XV-4145，分别对装车臂和回气臂进行氮气置换	XV-4145
置换 1min 后，关闭阀门 XV-4146	XV-4146
关闭阀门 XV-4147	XV-4147
关闭阀门 XV-4144	XV-4144
关闭阀门 XV-4145	XV-4145
开气动球阀 KIV-4105	KIV-4105
开气动球阀 KIV-4107	KIV-4107
开阀门 XV-4143	XV-4143
开阀门 XV-4139	XV-4139
开阀门 XV-4129	XV-4129
启动低压潜液泵 P-4101A	P-4101A
开阀门 XV-4130，管道预冷 1min	XV-4130
结束后关泵 P-4101A	P-4101A
关阀门 XV-4143	XV-4143
打开阀门 KIV-4502	KIV-4502
打开阀门 XV-4503	XV-4503

操作对象描述	操作对象位号
开阀门 XV-4142，气相平衡	XV-4142
开阀门 XV-4141	XV-4141
开阀门 XV-4501	XV-4501
开阀门 KIV-4501	KIV-4501
启动低压潜液泵 P-4101A，对槽车进行加液操作，槽车差压开始升高	P-4101A
加液完毕后关闭阀门 XV-4141	XV-4141
关闭阀门 XV-4142	XV-4142
关闭阀门 XV-4503	XV-4503
关闭阀门 XV-4501	XV-4501
停低压潜液泵 P-4101A	P-4101A
关阀门 XV-4130	XV-4130
关气动球阀 KIV-4105	KIV-4105
关气动球阀 KIV-4107	KIV-4107
关阀门 XV-4139	XV-4139
关阀门 XV-4129	XV-4129
将旋钮旋至自动状态	
按下急停按钮	
开阀门 XV-4144	XV-4144
开阀门 XV-4145	XV-4145
开阀门 XV-4146	XV-4146
开阀门 XV-4147，用氮气吹扫置换 1min	XV-4147
关闭阀门 XV-4144	XV-4144
关闭阀门 XV-4145	XV-4145
关闭阀门 XV-4146	XV-4146
关闭阀门 XV-4147，拆卸装车臂和回气臂	XV-4147

任务学习成果

① 每位同学都能熟练掌握 LNG 装车操作步骤；

② 能任意两人配合完成 LNG 装车操作；

③ 每位同学都能独立胜任 LNG 装车的内操和外操岗位操作。

任务测评标准

测评项目：LNG 装车操作。

测评标准：LNG 装车操作考核评分标准见表 4-1-2-2。

表 4-1-2-2 LNG 装车操作考核表

测评内容	分值	要求及评分标准	扣分	得分	测评记录
步骤汇报	20	以小组为单位汇报 LNG 装车操作的步骤，要求熟练掌握步骤，能准确快速找出教师任意指出的阀门位置			
准备工作	10	① 认真学习开车前注意事项 ② 检查和恢复所有阀门至初始状态，检查泵的初始状态，检查协调对讲机 ③ 检查装车臂和潜液泵			
基本操作	40	① 按正确的操作步骤进行 LNG 装车操作 ② 正确判断阀门的开关方向，切忌用力过大损坏阀门和设备			
文明作业	10	① 着装整齐，文明操作，遵守纪律 ② 操作过程配合默契，无吵闹现象 ③ 操作结束后将所使用工具摆放整齐，确保实训现场整洁 ④ 禁止在装卸区拨打手机，使用非防爆通信设备，使用非防爆检修工具，严防各种中毒、火灾、爆炸事故的发生			
特殊情况处理	10	对考核过程中出现的临时情况，装车臂的连接、气化器工作异常等问题能进行正确判断和及时正确处理			
时限	10	① 操作步骤汇报时间控制在 30min 内，超时 1min 停止汇报，不计成绩 ② 操作时间控制在 30min 内完成，超时操作，不计成绩			
合计					

任务拓展与巩固训练

一旦吸入大量气化的天然气，该如何急救？

笔记

项目二　　液化天然气气化工艺操作

项目导读

　　储罐内 LNG 经罐内输送泵、外输泵两级加压后，送入气化器进行气化。一般接收海运来料 LNG 的接收终端设置两套气化器，即水淋气化器和浸没燃烧式气化器联合运行。气化后的天然气经加臭、计量后送入管网输往用户。为保证罐内输送泵、罐外低压和高压外输泵正常运行，泵出口均设有回流管线。当 LNG 输送量变化时，可利用回流管线调节流量。在停止输出时，可利用回流管线打循环，以保证泵处于低温状态。

项目学习单

项目名称		LNG 气化工艺操作	
项目学习目标	知识目标	●掌握 LNG 气化开车的工艺流程 ●掌握 LNG 气化停车的工艺流程	
	能力目标	●能熟练进行 LNG 气化开车的操作 ●能熟练进行 LNG 气化停车的操作	
	素质目标	●锻炼团队协作能力 ●锻炼职业素养 ●形成责任意识和安全工作态度	
学时		20	任务学时
工作任务	任务 1	LNG 气化开车	10
	任务 2	LNG 气化停车	10

任务 1 液化天然气气化开车

任务说明

将液相的 LNG 气化为低温 NG 气体。储槽内 LNG 经罐内输送泵加压后进入再冷凝器，使来自储罐顶部的蒸发气液化。从再冷凝器中流出的 LNG 可根据不同用户要求，分别加压至不同压力。

任务学习单

项目名称		LNG 气化开车
任务学习目标	知识目标	• 掌握 LNG 气化开车工艺流程 • 熟悉本单元所涉及设备结构及工作原理
	能力目标	• 能根据工艺流程熟练进行 LNG 气化开车操作
	素质目标	• 形成团队合作意识 • 能正确解决在合作操作过程中遇到的各种问题
任务完成时间		10 学时
任务完成环境		LNG 接收站实训室
任务工具		虚拟化工仿真系统、工艺流程图、螺丝刀、扳手、对讲机、电池、工作卡、工作服、安全帽、手套、棉纱或棉布
完成任务所需知识和能力		• 掌握 LNG 气化开车要求及注意事项 • 熟悉 LNG 气化开车工艺流程
任务要求		• 两个人配合完成气化开车的操作，并要求每个人都能胜任内操和外操的相关操作； • 能对操作过程中出现的问题进行分析并解决
任务重点	知识	• LNG 气化开车工艺流程 • LNG 储槽内输送泵（潜液泵）、储槽外低/高压外输泵、开架式水淋蒸发器、浸没燃烧式蒸发器及计量设施的工作原理
	技能	• 掌握高压输出泵、气化器的操作及故障处理
任务结果		• 绘制 LNG 气化开车工艺流程图 • 规定时间内正确完成 LNG 气化开车操作且流程运行正常平稳

知识链接

LNG 再气化/外输系统包括 LNG 储槽内输送泵（潜液泵）、储槽外低/高压外输泵/开架式水淋蒸发器、浸没燃烧式蒸发器及计量设施等。

LNG 在气化器中再气化为天然气，计量后经输气管线送往各用户。气化后的天然气最低温度一般为 0℃。

LNG 接收站一般设有两种气化器：一种用于供气气化，长期稳定运行；另一种通常作为调峰或维修时使用，要求启动快。气化器通常用海水做热源。海水流量通过海水管线上的流量调节阀来控制，控制海水流量满足气化热负荷要求，同时限制海水温降不超过 5℃。

目前，世界上 LNG 接收站常用的气化器有三种：开架式气化器、浸没燃烧式气化器、中间介质管壳式气化器。

LNG 接收终端广泛采用开架式气化器（ORV）、浸没燃烧式气化器（SCV）和中间媒体式气化器（IFV）。LNG 卫星型接收终端和气化站普遍使用空浴式气化器和水浴式气化器。

表 4-2-1-1 列出了气化设备的主要类型与特点。

表 4-2-1-1　气化设备的主要类型与特点

类型	特点
空气加热型	结构简单，运行费用低，受环境影响大，一般用于气化量比较小的场合
水加热型	开架式：液膜下落换热器，投资高，运行费用低，安全可靠 直接交换式：尺寸紧凑，初投资低，部分传热管冻结，经济性较差
中间媒体型	采用丙烷、丁烷或氟利昂为中间传热流体，改善结冰带来的影响；形式紧凑，运行费用低，反应迅速，易于突然开闭
燃烧加热型	结构紧凑，初投资低，传热效率非常高，可快速启动，适用于紧急调峰
蒸气加热型	效率高，结构紧凑，温控操作好，运行范围宽，维护方便，性能计算复杂

一、开架式气化器（ORV）

开架式气化器是以海水为加热介质，LNG 在带翅片的管束板内由下向上垂直流动，海水则在管束板外自上而下喷淋。图 4-2-1-1 所示为开架式气化器原理。

M4-6　LNG 开架式海水汽化器

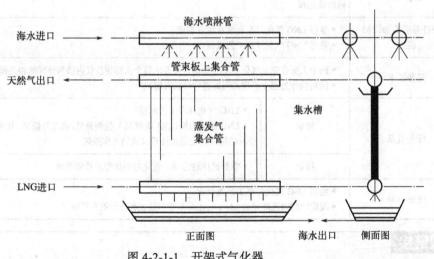

图 4-2-1-1　开架式气化器

二、浸没燃烧式气化器（SCV）

浸没燃烧式气化器包括换热管、水浴、浸没式燃烧器、燃烧室和鼓风机等。燃烧器在水浴水面上燃烧，热烟气通过排气管由喷雾器排入水浴的水中，使水产生高度湍动。传热管内 LNG 与管外高度湍动的水充分传热，加热蒸发 LNG。图 4-2-1-2 所示为浸没燃烧式气化器原理。

M4-7　LNG 浸没式燃气汽化器

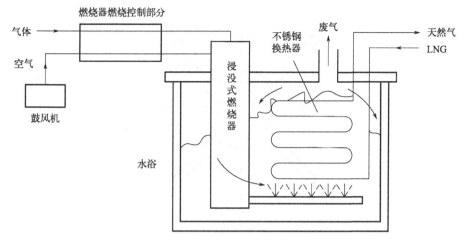

图 4-2-1-2　浸没燃烧式气化器

三、中间媒体式气化器（IFV）

采用中间传热流体的方法可以改善结冰带来的影响，通常采用丙烷、丁烷等载体作中间传热流体。实际使用的气化器的传热过程是由两极传热组成：第一级是由 LNG 和丙烷进行传热；第二级是丙烷和海水进行传热。这样加热介质不存在结冰的问题。图 4-2-1-3 所示为中间媒体式气化器原理。

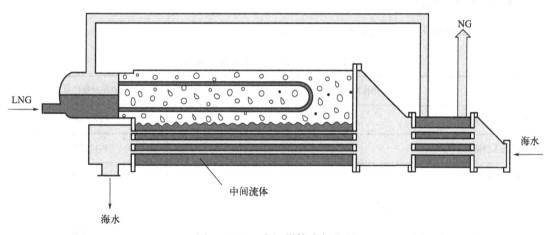

图 4-2-1-3　中间媒体式气化器

四、空温式气化器

大多采用翅片管型或其他伸展体表面的换热器。一般适用于气化量比较小的场合。空温式气化器受环境条件影响很大，气化能力的上限一般为 1400m³/h。但其结构简单，运行费用低。所以常用于 LNG 卫星型接收终端。

目前国内厂家生产的空温式气化器的传热装置多采用防锈铝合金翅片管，如图 4-2-1-4 所示。

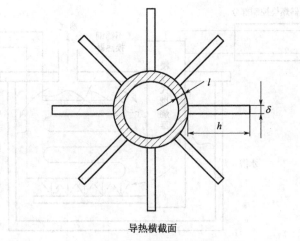

导热横截面

图 4-2-1-4　防锈铝合金翅片管

一、任务准备

以小组为单位制定 LNG 气化开车操作步骤。

二、任务实施步骤

表 4-2-1-2 所示为 LNG 气化开车操作步骤。

表 4-2-1-2　LNG 气化开车操作步骤

操作对象描述	操作对象位号
开启动球阀 KIV-4106	KIV-4106
启动低压潜液泵 P-4102A	P-4102A
开阀门 XV-4137	XV-4137
开阀门 XV-4166，将 LNG 打入冷凝器	XV-4166
液位上升，开阀门 XV-4169	XV-4169
开阀门 XV-4201	XV-4201
开阀门 XV-4203	XV-4203
开阀门 XV-4151	XV-4151
开阀门 XV-4153，高压输送泵 A 预冷，温度降到 -90℃	XV-4153
开阀门 XV-4228	XV-4228
开阀门 XV-4230	XV-4230

操作对象描述	操作对象位号
开阀门 XV-4231	XV-4231
启动海水泵 P-4202A	P-4202A
开启出口阀门 XV-4229，海水气化器循环	XV-4229
开阀门 XV-4217	XV-4217
燃气气化器液位升至 90% 后，关闭阀门 XV-4217	XV-4217
开阀门 KIV-4202	KIV-4202
开阀门 KIV-4203	KIV-4203
开阀门 KIV-4201	KIV-4201
开阀门 XV-4212	XV-4212
开阀门 XV-4224	XV-4224
开阀门 XV-4225	XV-4225
开阀门 XV-4233	XV-4233
开阀门 XV-4234	XV-4234
开阀门 XV-4236	XV-4236
启动高压输送泵 P-4201A	P-4201A
开出口阀门 XV-4202，气化开始	XV-4202
开阀门 XV-4219	XV-4219
启动风机 C-4201	C-4201
开阀门 XV-4218	XV-4218
开阀门 XV-4221	XV-4221
开阀门 XV-4223	XV-4223
LNG 浸没式燃气气化器点火，炉膛水浴温度上升	
开燃料气电加热器开关 E-4203，燃料气加热	E-4203
炉膛水浴温度升至 80℃后，开阀门 XV-4214	XV-4214
开阀门 XV-4215，燃气气化器投用	XV-4215
来自全容罐和高压泵等的气态天然气经减温器降温后进入 BOG 缓冲罐，开阀门 XV-4152	XV-4152

操作对象描述	操作对象位号
开阀门 XV-4154	XV-4154
开阀门 XV-4164	XV-4164
开阀门 XV-4165	XV-4165
关闭阀门 XV-4166	XV-4166
开阀门 XV-4156	XV-4156
开阀门 XV-4157	XV-4157
开自动阀 KIV-4301	KIV-4301
开阀门 KIV-4302	KIV-4302
启动压缩机 C-4101A	C-4101A
将压缩机投自动运行，PIV-4301 阀门设定值 sv 设为 0.8	PIV-4301
当液位 LI-4301 升至 70%，开阀门 XV-4301	XV-4301
当液位 LI-4301 降至 10%，关闭阀门 XV-4301	XV-4301
当液位 LI-4302 升至 70%，开阀门 XV-4302	XV-4302
当液位 LI-4302 降至 10%，关闭阀门 XV-4302	XV-4302
当液位 LI-4303 升至 70%，开阀门 XV-4303	XV-4303
当液位 LI-4303 降至 10%，关闭阀门 XV-4303	XV-4303
当液位 LI-4304 升至 70%，开阀门 XV-4304	XV-4304
当液位 LI-4304 降至 10%，关闭阀门 XV-4304	XV-4304
开阀门 XV-4220	XV-4220
关闭阀门 XV-4221，燃料气切换	XV-4221
当 BOG 缓冲罐和火炬分液罐里面的残液过多时（视情况定就行），开阀门 XV-4150	XV-4150

任务学习成果

① 每位同学都能熟练掌握 LNG 气化开车操作步骤；
② 每位同学都能独立胜任内操和外操岗位的操作。

任务测评标准

测评项目：LNG 气化开车操作。

测评标准：LNG 气化开车操作考核评分标准见表 4-2-1-3。

表 4-2-1-3 LNG 气化开车操作考核表

测评内容	分值	要求及评分标准	扣分	得分	测评记录
步骤汇报	20	以小组为单位汇报冷态开车操作步骤，要求熟练掌握步骤，能准确快速找出教师任意指出的阀门位置			
准备工作	10	① 掌握开车前注意事项 ② 检查和恢复所有阀门至初始状态，检查泵的初始状态，检查协调对讲机 ③ 检查海水泵、海水气化器、LNG 浸没式燃气气化器、BOG 缓冲罐			
基本操作	40	① 按正确的操作步骤进行 LNG 气化开车操作 ② 正确判断阀门的开关方向，切忌用力过大损坏阀门和设备			
文明作业	10	① 着装整齐，文明操作，遵守纪律 ② 操作过程配合默契，无吵闹现象 ③ 操作结束后将所使用工具摆放整齐，确保实训现场整洁 ④ 禁止在装卸区拨打手机，使用非防爆通信设备，使用非防爆检修工具，严防各种中毒、火灾、爆炸事故的发生			
特殊情况处理	10	对考核过程中出现的临时情况，比如阀门接触不好、阀门打不开等问题能进行正确判断和处理			
时限	10	操作步骤汇报时间控制在 30min 内，超时 5min 停止汇报，不计成绩			
合计					

任务拓展与巩固训练

比较常用的三种气化器：开架式气化器、浸没燃烧式气化器、中间介质管壳式气化器的优缺点和使用场合。

笔记

任务 2 液化天然气气化停车

任务说明

某 LNG 接收站已完成 LNG 气化，经检查具备停车的条件，请完成停车操作。

任务学习单

任务名称		LNG 气化停车	
任务学习目标	知识目标	•掌握 LNG 气化停车工艺流程 •熟悉本单元所涉及设备结构及工作原理	
	能力目标	•能根据工艺流程熟练进行 LNG 气化停车操作	
	素质目标	•形成团队合作意识 •能正确解决在合作操作过程中遇到的各种问题	
任务完成时间	10 学时		
任务完成环境	LNG 接收站实训室		
任务工具	虚拟化工仿真系统、工艺流程图、螺丝刀、扳手、对讲机、电池、工作卡、工作服、安全帽、手套、棉纱或棉布		
完成任务所需知识和能力	•LNG 气化停车要求及注意事项 •熟悉 LNG 气化停车工艺流程		
任务要求	•两个人配合完成气化开车的操作，并要求每个人都能胜任内操和外操的相关操作 •能对操作过程中出现的问题进行分析并解决		
任务重点	知识	•LNG 气化停车工艺流程 •高压输送泵、压缩机的工作原理	
	技能	•高压输送泵的操作及故障处理	
任务结果	•绘制 LNG 气化停车工艺流程图 •规定时间内正确完成 LNG 气化停车操作且流程运行正常平稳		

知识链接

增压气化器是一种专门用于液化天然气调压的换热器，由于液化天然气的低温特性，使得 LNG 气化器必须要有相应的热源提供热量才能气化。热源可以为环境空气和水，也可以是燃料的燃烧或者蒸汽。

注意按流程停车顺序：关停压缩机，关闭阀门，关停高压输送泵，关闭相应阀门，关停风机，停加热器，关停海水泵，放空系统，冷循环保冷。

任务实施

一、任务准备

以小组为单位制定 LNG 气化停车操作步骤。

二、任务实施步骤

表 4-2-2-1 所示为 LNG 气化停车操作步骤。

表 4-2-2-1　LNG 气化停车操作步骤

操作对象描述	操作对象位号
停压缩机 C-4101A	C-4101A
关闭阀门 XV-4157	XV-4157
关闭手阀 XV-4156	XV-4156
打开手阀 XV-4301，将液位 LI-4301 降到 1% 以下	XV-4301
打开手阀 XV-4302，将液位 LI-4302 降到 1% 以下	XV-4302
打开手阀 XV-4303，将液位 LI-4303 降到 1% 以下	XV-4303
打开手阀 XV-4304，将液位 LI-4304 降到 1% 以下	XV-4304
关闭阀门 XV-4154	XV-4154
关闭阀门 XV-4152	XV-4152
停高压输送泵 P-4201A	P-4201A
关闭出口阀门 XV-4202	XV-4202
关闭阀门 KIV-4201	KIV-4201
关闭阀门 XV-4212	XV-4212
关闭阀门 KIV-4202	KIV-4202
关闭阀门 KIV-4203	KIV-4203
关闭阀门 XV-4224	XV-4224
关闭阀门 XV-4225	XV-4225
关闭阀门 XV-4233	XV-4233
关闭阀门 XV-4234	XV-4234
关闭阀门 XV-4236	XV-4236
关闭阀门 XV-4214	XV-4214
关闭阀门 XV-4215	XV-4215
关闭阀门 XV-4220	XV-4220
关闭阀门 XV-4223	XV-4223
停风机 C-4201	C-4201
停加热器 E-4203	E-4203
关闭前阀 XV-4218	XV-4218
关闭后阀 XV-4219	XV-4219
关闭阀门 XV-4229	XV-4229

操作对象描述	操作对象位号
停海水泵 P-4202A	P-4202A
关进口阀门 XV-4228	XV-4228
关闭阀门 XV-4230	XV-4230
关闭阀门 XV-4231	XV-4231
开阀门 XV-4222	XV-4222
开阀门 XV-4232	XV-4232
开阀门 XV-4237，系统放空	XV-4237
开阀门 XV-4204	XV-4204
开阀门 KIV-4201	KIV-4201
开阀门 XV-4212	XV-4212
开阀门 XV-4213，管线小流量冷循环保冷	XV-4213

任务学习成果

① 通过实操练习使学生熟练掌握 LNG 气化停车的步骤，并能规范操作；
② 每位同学都能独立胜任内操和外操岗位的操作。

任务测评标准

测评项目：LNG 气化停车操作。
测评标准：LNG 气化停车操作考核评分标准见表 4-2-2-2。

表 4-2-2-2　LNG 气化停车操作考核表

测评内容	分值	要求及评分标准	扣分	得分	测评记录
步骤汇报	20	以小组为单位汇报冷态开车操作步骤，要求熟练掌握步骤，能准确快速找出教师任意指出的阀门位置			
准备工作	10	① 掌握停车前注意事项 ② 检查和恢复所有阀门至初始状态，检查泵的初始状态，检查协调对讲机 ③ 检查压缩机、高压输送泵、换热器、海水泵的工况			
基本操作	40	① 按正确的操作步骤进行 LNG 气化停车操作 ② 正确判断阀门的开关方向，切忌用力过大损坏阀门和设备			
文明作业	10	① 着装整齐，文明操作，遵守纪律 ② 操作过程配合默契，无吵闹现象 ③ 操作结束后将所使用工具摆放整齐，确保实训现场整洁 ③ 禁止在装卸区拨打手机，使用非防爆通信设备，使用非防爆检修工具，严防各种中毒、火灾、爆炸事故的发生			
特殊情况处理	10	对考核过程中出现的临时情况，比如阀门接触不好、阀门打不开等问题能进行正确判断和处理			

测评内容	分值	要求及评分标准	扣分	得分	测评记录
时限	10	①操作步骤汇报时间控制在 10min 内，超时 1min 停止汇报，不计成绩 ②操作时间控制在 10min 内完成，超时 1min 停止操作，不计成绩			
		合计			

任务拓展与巩固训练

1. 巩固以下阀件和设备的工作原理。

转子流量计　　　气动调节阀　　　Y 型过滤器

涡轮流量计　　　往复式压缩机　　　往复式柱塞泵

2. 如何选择 LNG 气化器？

项目三　液化天然气接收站故障处理

项目导读

　　LNG 接收站的安全是保障液化天然气持续供应的重要基础，在 LNG 的接收、储存和气化过程中一旦发生事故，不仅会导致天然气供应不足或中断，还会造成大量的经济损失，甚至人员伤亡。在实际运行过程中，应准确快速识别事故原因及发生发展过程，从而增强应对和防范 LNG 接收站事故风险和灾难的能力。

　　接收站具有储存和外输两大主要功能，兼具调峰功能。站场主要工艺设备有：接卸臂、储罐、管道、泵、压缩机和气化器。

　　LNG 接收站主要功能为接收、储存及气化 LNG。LNG 接收站包括 4 个工艺子系统，十余种设备，属于多单元复杂系统，一旦设备出现停机或 LNG 泄漏等故障，将有可能导致整个系统停车，影响对下游用户的正常供气，甚至导致火灾爆炸或人员冻伤等非常严重的后果。LNG 接收站内主要危害因素如下：

　　① 回气管线存在腐蚀穿孔可能性并导致船能负压；

　　② 在接卸过程中可能由于操作不当导致在储罐中发生翻滚、分层，引发储超压事故；

　　③ 泵存在失效的危险性且潜液泵均为返厂维修，维修周期长；

　　④ 压缩机存在失效的危险性；

　　⑤ 气化器换热管存在腐蚀、固体悬浮物冲刷等危险，极易导致换热管开裂；

　　⑥ 某些设施设备防雷防静电接地不符合要求或失效。

　　而按故障进行分类，LNG 接收站失效的原因主要有：储存系统故障、汇管故障、BOG 处理系统故障及气化外输系统故障。具体涉及的系统及设备故障有低压输送泵故障、高压输送泵故障、BOG 压缩机故障、再冷凝器故障、ORV 系统故障、SCV 系统故障、截止阀故障、旁通管故障、气动阀故障、液动阀故障等。

　　在 LNG 接收站运行过程中，一旦发现事故应进行处理，避免引起设备进一步损坏及人员伤亡。所以在 LNG 接收站运行过程中，一旦发现事故应该进行及时处理，尽可能保证 LNG 接收站的正常运行，同时减少经济损失，避免人员伤亡。

项目名称		LNG 接收站故障处理	
项目学习目标	知识目标	• 掌握接收站的工艺顺序 • 了解接收站中主要设备的运行设备及运行原理	
	能力目标	• 能够根据运行参数异常分析出现问题的设备 • 能够通过工艺对故障设备进行切换或处理	
	素质目标	• 锻炼团队协作能力 • 提高对于现场问题分析和处理的能力 • 培养安全操作的意识	
学时		20	任务学时
工作任务	任务 1	BOG 压缩机 A 故障处理	6
	任务 2	外输过滤器堵塞事故处理	6
	任务 3	海水泵 A 故障事故处理	4
	任务 4	LNG 高压输送泵 A 出口法兰泄漏事故处理	4

任务 1　天然气压缩机 A 故障处理

任务说明

某 LNG 接收站在储存过程中，BOG 管线中介质通过量很小，并且压力趋近于常压，判定为 BOG 压缩机 A 故障，请分析原因并进行工艺调整。

任务学习单

任务名称		BOG 压缩机 A 故障处理	
任务学习目标	知识目标	● BOG 压缩机特点及工作原理 ● 理解 BOG 压缩机 A 故障产生原因，并能够分析故障类型	
	能力目标	● 能够根据工艺中运行参数分析对现场的工艺进行调整 ● 能对 BOG 压缩机 A 故障事故采取正确的应对措施 ● 熟练处理 BOG 压缩机 A 故障的操作	
	素质目标	● 形成团队合作意识，懂得团队分工 ● 能解决在合作操作过程中遇到的各种问题	
任务完成时间		6 学时	
任务完成环境		LNG 接收站实训室	
任务工具		安全帽、工作服、防冻手套、铜制扳手、250mm 扳手、试电笔、记录本、笔、对讲机、石棉垫片、抹布	
完成任务所需知识和能力		● 能够对 DCS 控制进行参数读取 ● 能够发现工艺流程图中的异常运行参数 ● 能够通过工艺的方式进行 BOG 压缩机的切换	
任务要求		● 两人配合完成 BOG 压缩机切换，并要求每个人都能胜任内操和外操的相关操作 ● 能对操作过程中出现的问题进行分析并解决	
任务重点	重点	● BOG 压缩机 A 故障事故的处理方法	
	难点	● BOG 压缩机 A 故障事故产生原因的分析	
任务结果		通过工艺调整，完成 BOG 压缩机的切换，并且运行后 BOG 压缩机及上下游各项参数运行正常	

知识链接

由于液体能够自然蒸发，在 LNG 生产到运输及使用的整个过程中，不可避免地会使 LNG 蒸发成天然气，我们把 LNG 蒸发的天然气称为 BOG，也叫蒸发气。随着储罐内挥发气体的增多，储罐内压力不断上升，为维持储罐压力在允许的范围内，并减少天然气 LNG 蒸发造成的经济损失，一般需要把 BOG 压缩再冷凝成液体或压缩后输出。BOG 压缩机就是用于压缩 BOG 的压缩机。一般 BOG 压缩机采用无油润滑往复式压缩机，工作原理与普通的往复式压缩机一样。不同的是 BOG 压缩机的入口吸入的是低温气体，因此压缩机的一级缸体、活塞等必须耐低温，还要防止结冰。无油润滑一般采用迷宫密封或特制的活塞环来实现。

一、BOG 压缩机类型

LNG 接收终端通常采用往复式或离心式 BOG 压缩机，如图 4-3-1-1 所示。

往复式压缩机优点：排出压力稳定，适合广泛的压力范围和较宽的流量调节范围，适用于小气量、高压比的非卸船工况。

离心式压缩机优点：结构紧凑、排量大且操作灵活，适用于大气量、中低压比的卸船工况。

M4-8 往复式压缩机

往复式压缩机通常在压缩机前后端设置缓冲罐，以防止气流不稳，接收终端 BOG 处理系统采用多级压缩机。压缩机主轴密封装置是非常重要的部件，能防止被压缩的气体向外泄漏，或使泄漏的量控制在允许范围内。轴封主要有三种形式：机械接触密封、气体密封和浮动碳环密封。

(a) BOG压缩机撬

(b) BOG压缩机主要部件

图 4-3-1-1　BOG 压缩机结构

二、BOG 压缩机系统常见故障

LNG 接收站的 BOG 出现的问题和故障会对 LNG 储罐压力有极大的影响，甚至可能使储罐超压而导致爆炸。该系统由调温器、控制系统、润滑油系统、冷却水系统等部分组成。BOG 压缩机主要有热力性能故障与机械性能故障两种失效模式，热力性能故障包括流量过低，入口压力过低，出口温度过高，油温或冷却水温度异常；机械性能故障主要包括由于振动过度导致的噪声异常或由于仪器故障导致的压缩机停车。

导致停车的原因主要有：润滑油系统故障、阀片磨损、弹簧断裂磨损。气阀发生漏气，压缩机进、排气压力和温度表现规律如表 4-3-1-1 所示。

表 4-3-1-1　BOG 压缩机故障参数变化规律

故障参数	进气压力	排气压力	进气温度	排气温度
进气阀漏气	升高	下降	升高	基本不变
排气阀漏气	升高	下降	不变	升高

由表 4-3-1-1 可知，根据压缩机温度、压力的变化可以对气阀的故障做出判断，从而进一步分析出是进气阀还是排气阀的故障。

三、故障信号及诊断

当 BOG 压缩机出现故障时，通过对各个参数的具体分析，可以基本确定故障部位，同时为故障处理提供指导，提高故障处理效率。并且在平时通过 BOG 压缩机参数分析，能更好地掌握其运行状态，更早地发现可能存在的问题，为 BOG 处理系统的平稳运行打下基础。BOG 压缩机日常运转中常见的故障及处理方式如表 4-3-1-2 所示。

表 4-3-1-2　BOG 压缩机日常运转中常见的故障及处理方式

出现问题	原因	解决的方法
排气量不足	① 气阀泄漏 ② 填料活塞环泄漏 ③ 管路泄漏	① 检查气阀弹簧阀片并及时更换 ② 检查填料活塞环密封情况，更换密封元件 ③ 检修各处法兰密封情况
功率消耗超过设计规定	① 气阀阻力过大 ② 吸气压力过低（由管道阻力降引起） ③ 气体内泄漏 ④ 吸气压力过高	① 检查气阀弹簧力是否恰当，气阀通道面积是否阻塞 ② 检查进气过滤器是否阻塞 ③ 检查吸排气压力是否正常，各级排气温度是否增高 ④ 检查压缩机前工艺系统
压力超过正常压力	① 吸排气阀不良 ② 进气压力过高 ③ 活塞环泄漏	① 检修气阀，更换损坏件 ② 检查压缩机前工艺系统 ③ 更换活塞环
压力低于正常压力	① 吸排气阀不良，引起排气不足 ② 进气管道阻力大	① 检修气阀，更换损坏件 ② 检查管路，清洗过滤器
排气温度超过正常温度	① 排气阀泄漏 ② 吸气温度超过规定	① 检查排气阀 ② 检查工艺流程，增加冷却水量
运动部件发出异常声响	① 连杆螺栓轴承盖、螺栓十字头处螺母松动或断裂 ② 主轴承，连杆大小头、十字头滑道间隙过大 ③ 联轴器与曲轴、电机轴键配合松动	① 紧固或更换损坏件 ② 检修或更换薄壁瓦 ③ 检查并采取相应措施

四、切换 BOG 压缩机工艺原则

当发现 BOG 压缩机 A 发生故障时，首先依次切断故障压缩机的进料口和出料口，再将故障压缩机中的介质按照流动顺序排出，液相进入分离器排污口，以防压缩机系统中设备压力过大，至此，故障压缩机完成停运并将介质放空。

接下来，启动 BOG 压缩机 B。依次打开 BOG 压缩机 B 撬外进料口、出料口、自动阀 KIV 进出口，当一级分离器液位至 70% 打开液相阀，当液位降至 10% 关闭液相阀。以此方式，再分别打开二级、三级分离器，完成 BOG 压缩机 B 的启动。

五、BOG 压缩机日常使用及维护方式

在 BOG 压缩机运行时，应定期对压缩机进行日常检修工作，并定期检查其运行情况。BOG 压缩机需定时检修排气阀、活塞等关键部件，并且定期将入口缓冲罐排空，以免温度

过低。在压缩机冷却部分，应该防止冷却剂不足并且冷却室有污垢所导致的油温过高。避免压缩机压力异常，包括一级入口侧及二级出口侧压力异常，冷却水管压力过高及油压过高。此外，巡检过程中判断气阀是否漏气最实用的方法是听诊。如果气阀漏气或出现阀片磨损、弹簧断裂等现象，利用听针能听出气阀发出异样的响声，也能判断压缩机故障。

另外，现场操作员在巡检时要密切关注压缩机系统的各个参数，同时对系统运行时所出现的问题进行归纳与总结，并仔细分析其原因，找到解决方案才能保证 BOG 压缩机的稳定运行。

任务实施

一、任务准备

（1）工具设备　安全帽、工作服、防冻手套、铜制扳手、250mm 扳手、试电笔、记录本、笔、对讲机。

（2）耗材　石棉垫片、抹布。

M4-9 BOG 压缩机 A 故障处理

二、任务实施步骤

表 4-3-1-3 所示为 BOG 压缩机 A 故障处理任务实施步骤。

表 4-3-1-3　BOG 压缩机 A 故障处理任务实施步骤

操作对象描述	操作对象位号
关闭手阀 XV-4156	XV-4156
关闭手阀 XV-4157	XV-4157
打开手阀 XV-4301	XV-4301
将液位 LI-4301 降到 1% 以下，关闭手阀 XV-4301	XV-4301
打开手阀 XV-4302	XV-4302
将液位 LI-4302 降到 1% 以下，关闭手阀 XV-4302	XV-4302
打开手阀 XV-4303	XV-4303
将液位 LI-4303 降到 1% 以下，关闭手阀 XV-4303	XV-4303
打开手阀 XV-4304	XV-4304
将液位 LI-4304 降到 1% 以下，关闭手阀 XV-4304	XV-4304
打开手阀 XV-4158	XV-4158
打开手阀 XV-4159	XV-4159
开自动阀 KIV-4401	KIV-4401
开阀门 KIV-4402	KIV-4402
启动压缩机 C-4101B	C-4101B
PIV-4401 打到自动状态，阀门设定值 sv 设为 0.8	PIV-4401
当液位 LI-4401 升至 70%，开阀门 XV-4401	XV-4401

操作对象描述	操作对象位号
当液位 LI-4401 降至 10%，关闭阀门 XV-4401	XV-4401
当液位 LI-4402 升至 70%，开阀门 XV-4402	XV-4402
当液位 LI-4402 降至 10%，关闭阀门 XV-4402	XV-4402
当液位 LI-4403 升至 70%，开阀门 XV-4403	XV-4403
当液位 LI-4403 降至 10%，关闭阀门 XV-4403	XV-4403
当液位 LI-4404 升至 70%，开阀门 XV-4404	XV-4404
当液位 LI-4404 降至 10%，关闭阀门 XV-4404	XV-4404

任务学习成果

① 每位同学都能熟练掌握 BOG 压缩机 A 故障操作步骤，并能够对压缩机切换进行描述；

② 能任意两人配合完成 BOG 压缩机切换操作；

③ 每位同学都能独立胜任内操和外操岗位的操作。

任务测评标准

1. 知识内容测评标准

① 描述 BOG 压缩机在 LNG 接收站中的作用；

② BOG 压缩机常见问题及表现形式。

2. 工艺操作测评标准

BOG 压缩机 A 故障处理操作考核评分标准见表 4-3-1-4。

表 4-3-1-4　BOG 压缩机 A 故障处理操作考核表

测评内容	分值	要求及评分标准	扣分	得分	测评记录
步骤汇报	20	以小组为单位汇报压缩机 A 故障处理操作步骤，要求熟练掌握步骤，并能准确快速找出教师任意提出工艺中阀门的位置			
准备工作	10	① 服装整洁，领口、袖口和下摆收紧，安全帽调整合适，未穿戴整齐扣 5 分 ② 检查工具，工具选择不正确扣 5 分 ③ 未确认相关数据扣 5 分 ④ 工具使用不当扣 5 分，检查工艺流程顺序不正确扣 5 分			
基本操作	40	① 顺序不正确扣 2 分 ② 操作不当扣 1 分 ③ 工具使用不正确扣 2 分 ④ 工具乱摆乱放扣 3 分			
文明作业	10	① 着装整齐，文明操作，遵守纪律 ② 操作过程配合默契，无吵闹现象 ③ 操作结束后将所使用工具摆放整齐，确保实训现场整洁 ④ 违规一次扣 5 分；若严重违规停止操作			

测评内容	分值	要求及评分标准	扣分	得分	测评记录
特殊情况处理	10	对考核过程中出现的临时情况，比如阀门接触不好、阀门打不开等问题能进行正确判断和处理			
时限	10	整个操作时间控制在15min内完成，每超出10s扣1分；超时1min停止操作，未完成步骤不计成绩			
合计					

任务拓展与巩固训练

当储罐中 LNG 蒸发量变化后，BOG 压缩机橇内运行情况应如何变化？

任务2 外输过滤器堵塞事故处理

任务说明

某 LNG 接收站运行一段时间，发现在外输过程中，气化后的天然气经过过滤器时过滤器前后压差较大，通过分析判定为过滤器堵塞，请采取适当措施对过滤器堵塞事故进行处理。

任务学习单

任务名称		外输过滤器堵塞事故
任务学习目标	知识目标	• 了解外输过滤器作用和分类 • 掌握过滤器的结构组成 • 掌握过滤器清洗方法
	能力目标	• 能正确拆卸和安装过滤器 • 会清洗过滤器
	素质目标	• 养成认真细心的工作态度 • 能根据运行参数的变化正确分析和判断生产问题的能力
任务完成时间		6 学时
任务完成环境		LNG 接收站实训室
任务工具		对讲机、电池、手套、安全帽、虚拟化工仿真系统、工艺流程图、螺丝刀、扳手
完成任务所需知识和能力		• 理解外输过滤器堵塞事故产生的原因 • 能对外输过滤器堵塞事故进行拆装并更换滤芯 • 熟练对外输过滤器堵塞事故的处理操作
任务要求		• 两个人配合完成 LNG 接收站过滤器堵塞事故处理操作，并要求每个人都能胜任内操和外操的相关操作 • 能对操作过程中出现的问题进行分析并解决
任务重点	重点	• 工艺的掌握
	难点	• 过滤器结构及拆装步骤
任务结果		能够进行外输过滤器的切换，并能够对过滤器进行拆装，且安装完成后保证过滤器的密封性

知识链接

一、过滤器在工艺中的作用及结构

当城市燃气需要天然气时，可以将 LNG 气化成天然气输送到城市燃气管网中。虽然 LNG 较为纯净，介质本身几乎没有硫化物、水等杂质，但 LNG 通过 LNG 船、槽车运输以及储罐储存，势必会产生一定的机械杂质，在天然气进入城市燃气管网中需要将这些杂质去除，以预防管道堵塞，尤其在管线末端由于管径较小，更容易产生管道堵塞现象。

气体过滤器有两种类型，第一种是干式过滤器，这种过滤器仅用以脱除气流中的固体杂质。第二种是过滤分离器，这种过滤器用以同时脱除气流中的固体和液体杂质。这两种气体过滤器比油浴除尘器和离心分离器能够脱除的杂质的粒径小得多。由于LNG气化后几乎没有液体杂质，所以接收站中多采用干式过滤器。

气体过滤器通常分为立式过滤器（图4-3-2-1）和卧式分离器两种，卧式分离器比立式过滤器多了一个分离功能，且采用的是快开盲板结构。

LNG接收站中通常介质中只含有固体杂质，且含量较少，一般选用立式过滤器。立式过滤器结构主要由筒体、滤芯、快开盲板、排污阀、压差计等组成。其工作原理是：天然气从一侧进入过滤器，经过滤芯，固体颗粒被滤芯过滤出来，积存在筒体底部，打开排污阀，通过气体压力将积存在筒体底部的杂质排放出来。

图4-3-2-1　立式过滤器外观及滤芯

二、过滤器工作原理

含尘（液滴）天然气由进气口进入过滤室内，通过滤芯过滤层时产生筛分、惯性、黏附、扩散、静电等作用而被捕集，净化后的气体从滤芯内出来，经排气室的出气口排出，被捕集的液滴、固体颗粒在重力作用下进入积液槽中，当液位计显示积液已满时开启排污阀，经排污口排出。

目前，常用的天然气除尘设备有：旋风除尘器、导叶式旋风子多管除尘器、过滤除尘器。旋风除尘器是利用旋转的含尘气体所产生的离心力，将密度大于气体的尘粒甩向器壁，尘粒一旦与器壁接触，便失去惯性力而靠入口速度的动量和向下的重力沿壁面下落，进入排灰管，气体旋转下降在椎体部分反转向上形成内旋气流，经排气管排出。旋风除尘器主要适用于处理量不大、粉尘粒径大于 $5\mu m$ 的气体除尘。导叶式旋风子多管除尘器工作原理与旋风除尘器基本相同，含尘气体先进入气体分布室，导向叶片使气体产生旋转将粉尘分离出来，灰尘进入排灰管，净化气体从排气室排出。导叶式旋风子多管除尘器适用于气量大、压力较高、含尘粒度分布甚广的场合。过滤除尘器是用一定的过滤材料，使含尘气体通过过滤材料达到分离，主要用来分离粉尘粒径大部分在 $5\mu m$ 以下的气体。如果需要处理的气体含尘粒度宽，而工艺又要求除尘后含尘粒度小、浓度低的情况下，应采用两级除尘，第一级用旋分除尘器或导叶式旋风子多管除尘器，第二级采用过滤除尘器，以便于除去绝大多数固体杂质。

三、过滤器故障现象及过滤器切换工艺原则

运行过程中，由于天然气杂质增多或固体颗粒较多，引起过滤器前后压差增大，当超过 0.1MPa 时，表明过滤器内部出现堵塞，应及时停运更换滤芯。若两台以上过滤器同时运行时，当某台过滤器后的流量计的流量值比其他过滤器小 30% 时，表明这路过滤器可能堵塞，需进行检修或更换滤芯。处理前应检查过滤器及排污罐放空区域周边情况，杜绝一切火种火源。

在处理过滤器故障时应该注意以下几点：

① 开启阀套式排污阀应缓慢平稳，阀的开度要适中。

② 设备区、排污罐附近严禁一切火种。

③ 作好排污记录，以便分析输气管内天然气气质和确定排污周期。

在事故处理中，由于工艺中并联三个过滤器，所以可以通过切换过滤器，再对故障过滤器进行处理。首先打开备换的过滤器后端阀门，再打开前端阀门，使流程正常运行，至流量、压力、温度参数符合要求时，关闭故障过滤器后端阀门及前端阀门，打开排污阀泄压至压力正常后可打开故障过滤器，打开过滤器上盲板，将滤芯取出，清洗滤芯。将滤芯重新安装，并安装上过滤器盲板。安装完成后通知内操人员维修完毕，此时完成故障过滤器清理，可以使故障过滤器重新使用。打开修好的过滤器后端和前端阀门，关闭备用过滤器后端和前端阀门，堵塞事故处理完成。

另外，在故障清理结束后运行或升压过程中，使用皂液法检查过滤器是否泄漏，发现泄漏时必须立即切换流程，停运事故过滤器，然后进行放空排污操作，压力降为零后方可进行维修操作。

四、日常维护

在过滤器正常运行过程中，可以通过压差计检查过滤器滤芯脏堵情况，差压过大时及时更换滤芯，如果不及时更换，气体容易将脏堵的滤芯撕裂，使过滤器失去其作用，天然气中的固体颗粒将下游设备打坏，对下游设备造成一定的破坏。另外，检查时工作人员应配备可燃气体检测仪，以免由于天然气泄漏而导致窒息。巡检内容包括：

① 检查过滤器的压力、温度、流量，查看是否在过滤器所要求的允许范围内，否则向上级或值班领导汇报并作好记录。

② 检查过滤器的差压，注意及时记录过滤器压力、温度及差压值。

③ 检查、核实排污罐液面高度，若液面过高，向上级汇报，提前进行排污处理。

任务实施

一、任务准备

（1）工具设备　安全帽、工作服、防冻手套、铜制扳手、250mm 扳手、试电笔、记录

本、笔、对讲机。

（2）耗材 石棉垫片、抹布。

二、任务实施步骤

表 4-3-2-1 所示为外输过滤器堵塞事故任务实施步骤。

表 4-3-2-1 外输过滤器堵塞事故任务实施步骤

操作对象描述	操作对象位号
打开自动阀 KIV-4204	KIV-4204
打开手阀 XV-4235	XV-4235
关闭自动阀 KIV-4202	KIV-4202
关闭手阀 XV-4233	XV-4233
通知维修人员进行维修	
打开过滤器排污阀，将压力排净	
打开过滤器上盲板，将滤芯取出，清洗滤芯	
将滤芯重新安装，并安装上过滤器盲板	
通知内操人员维修完毕	
打开自动阀 KIV-4202	KIV-4202
打开手阀 XV-4233	XV-4233
关闭自动阀 KIV-4204	KIV-4204
关闭手阀 XV-4235	XV-4235

任务学习成果

① 能够按正确的方式对过滤器进行停运；

② 掌握过滤器结构并能够更换滤芯；

③ 每位同学都能独立胜任内操和外操岗位的操作，并且内操和外操能够互相配合。

任务测评标准

1. 知识内容测评标准

① 过滤器在 LNG 接收站的作用；

② 过滤器的结构及其工作机理。

2. 工艺操作测评标准

外输过滤器堵塞事故操作考核评分标准见表 4-3-2-2。

表 4-3-2-2 外输过滤器堵塞事故处理操作考核表

测评内容	分值	要求及评分标准	扣分	得分	测评记录
步骤汇报	20	以小组为单位汇报外输过滤器堵塞处理操作步骤，要求熟练掌握步骤，能准确快速找出教师任意指出的阀门位置			
准备工作	10	① 服装整洁，领口、袖口和下摆收紧，安全帽调整合适，未穿戴整齐扣 5 分 ② 检查工具，工具选择不正确扣 5 分 ③ 未确认相关数据扣 5 分 ④ 工具使用不当扣 5 分，检查工艺流程顺序不正确扣 5 分			
基本操作	40	① 顺序不正确扣 2 分 ② 操作不当扣 1 分 ③ 工具使用不正确扣 2 分 ④ 工具乱摆乱放扣 3 分			
文明作业	10	① 着装整齐，文明操作，遵守纪律 ② 操作过程配合默契，无吵闹现象 ③ 操作结束后将所使用工具摆放整齐，确保实训现场整洁 ④ 违规一次总分扣 5 分；严重违规停止操作			
特殊情况处理	10	针对考核过程中出现的情况，比如过滤器中污物的处理、阀门打不开等问题能进行正确判断和处理			
时限	10	整个操作时间控制在 10min 内完成，每超出 10s 扣 1 分；超时 1min 停止操作，未完成步骤不计成绩			
合计					

任务拓展与巩固训练

1.停止过滤器运行为什么要先关后端再关前端阀门？如果两个阀门关闭顺序转换会怎样？

2.燃气管道中的过滤器前后应设置压差计，根据测得的压力降可以判断过滤器的堵塞情况。在正常工作情况下，燃气通过过滤器的压力损失不得超过（　　　）。

A. 1kPa　　　　　B. 5kPa　　　　　C. 10kPa　　　　　D. 15kPa

任务3 海水泵A故障事故处理

任务说明

某LNG接收站利用海水泵A对LNG气化，在气化过程中，海水泵A发生压力流量参数异常，请分析事故可能的原因，并对事故进行处理。

任务学习单

任务名称		海水泵A故障事故
任务学习目标	知识目标	• 了解海水泵作用和分类 • 掌握海水泵的结构组成
	能力目标	• 能通过运行参数分析是否有故障发生 • 能够正确对海水泵进行切换
	素质目标	• 养成认真细心的工作态度 • 能根据运行参数的变化正确分析和判断生产问题的能力
任务完成时间		4学时
任务完成环境		LNG接收站实训室
任务工具		对讲机、电池、手套、安全帽、虚拟化工仿真系统、工艺流程图、螺丝刀、扳手
完成任务所需知识和能力		• 理解海水泵A故障事故产生的原因 • 能对海水泵A故障事故采取正确的应对措施 • 熟练对海水泵A故障事故的处理操作
任务要求		• 两个人配合完成海水泵A的切换操作，并要求每个人都能胜任内操和外操的相关操作 • 能对操作过程中出现的问题进行分析并解决
任务重点	重点	• 海水泵的特点及常见故障
	难点	• 海水泵故障处理
任务结果		能够通过运行参数发现海水泵发生故障，并完成海水泵的切换

知识链接

海水泵（图4-3-3-1）的零部件主要有叶轮、多级泵轴、轴承、机械密封、紧固件、联轴器和电机，其中叶轮、泵轴、轴承、机械密封和紧固件的故障占整个海水泵故障的96%。

随着运行时间的增加，由于内部磨损和外部损害使得海水泵可靠性下降，表现为效率下降。

一、海水泵常见故障

由于泵输送的介质为海水，所以造成海水泵故障的原因有很多。比如整套海水过滤系统未能达到预期的过滤效果，导致仍有大量漂浮垃圾及悬浮垃圾从外海进入取水口前池及泵池，或者在海水泵抽吸过程中，大量淤泥及垃圾堵塞吸入口滤网，导致滤网处过水量小，造成滤网变形损坏。另外，海水泵入口流量不稳定引起泵体振动加剧，在疲劳应力的作用下，引起导轴承支架断裂。由于海水泵以海水为介质，影响因素与普通介质的泵有所不同。具体造成故障的原因有设备因素和环境因素两方面。

图 4-3-3-1　海水泵外观结构

（1）设备因素

① 支架与泵筒、支架与导轴承均为焊接形式连接，为确保泵筒与导轴承的同心度，要求较高的焊接工艺技术要求，同时不可避免在焊缝热影响区位置存在焊接残余应力的风险。海水泵振动过大，导致在导轴承支架薄弱处产生应力疲劳断裂。

② 当地海水环境中含大量的泥沙及部分垃圾，海水泵滤网骨架设计原因或使用时间长而导致强度不足，从而导致滤网堵塞后易破损，骨架钢管断裂。

（2）环境因素　LNG 接收站附近淤泥沉积量大，漂浮垃圾数量较多。海水通过取水口明渠进入到前池及泵池，明渠过滤格栅网格选择过大或受到破坏，使得海面漂浮过来的绝大部分垃圾杂物均能进入，无法起到隔离过滤的作用。同时，旋转滤网运行一段时间后，橡胶密封挡条产生磨损，密封间隙增大，过滤精度降低，且海水中泥沙将部分喷嘴堵塞，反冲洗水量不足，导致部分垃圾经旋转滤网过滤后堆积在排出口继而掉入泵池，造成一定数量的垃圾杂物仍可进入泵池。

当海水泵产生故障会有很多种表现形式，如：振动声音过大、出口流量异常、最大电流下运行等。具体可能是由轴承磨损、管线故障、阀门故障、放空管线放空气体不足等原因造成。

二、切换海水泵工艺原则及步骤

当发现运行海水泵出现故障，首先需要分别关闭海水泵的后端和前端阀门，随后对备用海水泵进行启动。具体步骤为：打开备用泵前端阀门，并进行灌泵，当泵内充满液体后，即可启动海水泵，当海水泵运行压力达到要求，即可打开备用泵后端阀门。

如果实际工作情况下没有备用海水泵，也可以利用其他 LNG 气化方式，如通过浸没燃烧的方式对 LNG 进行气化。

任务实施

一、任务准备

（1）工具设备　安全帽、工作服、防冻手套、铜制扳手、250mm 扳手、试电笔、记录本、笔、对讲机。

（2）耗材　石棉垫片、抹布。

二、任务实施步骤

表 4-3-3-1 所示为海水泵 A 故障任务实施步骤。

表 4-3-3-1　海水泵 A 故障任务实施步骤

操作对象描述	操作对象位号
关闭手阀 XV-4229	XV-4229
关闭手阀 XV-4228	XV-4228
打开手阀 XV-4226	XV-4226
启动海水泵 P-4202B	P-4202B
打开出口阀门 XV-4227	XV-4227

任务学习成果

① 能够通过工艺的方式对海水泵 A 进行停运；

② 掌握海水泵结构并能够通过运行参数或现场分析，确定海水泵故障原因；

③ 每位同学都能独立胜任内操和外操岗位的操作，并且内操和外操能够互相配合。

任务测评标准

1. 知识内容测评标准

① 描述海水泵在 LNG 接收站中的作用；

② 说明海水泵的组成，以及海水泵在结构上与普通泵的区别。

2. 工艺操作测评标准

海水泵 A 故障处理操作考核评分标准见表 4-3-3-2。

表 4-3-3-2   海水泵 A 故障处理操作考核表

测评内容	分值	要求及评分标准	扣分	得分	测评记录
步骤汇报	20	以小组为单位汇报海水泵 A 故障处理操作步骤,要求熟练掌握步骤,能准确快速找出教师任意指出的阀门位置			
准备工作	10	①服装整洁,领口、袖口和下摆收紧,安全帽调整合适,未穿戴整齐扣 5 分 ②检查工具,工具选择不正确扣 5 分 ③未确认相关数据扣 5 分 ④工具使用不当扣 5 分,检查工艺流程顺序不正确扣 5 分			
基本操作	40	①顺序不正确扣 2 分 ②操作不当扣 1 分 ③工具使用不正确扣 2 分 ④工具乱摆乱放扣 3 分			
文明作业	10	①着装整齐,文明操作,遵守纪律 ②操作过程配合默契,无吵闹现象 ③操作结束后将所使用工具摆放整齐,确保实训现场整洁 ④违规一次总分扣 5 分;严重违规停止操作			
特殊情况处理	10	对考核过程中出现的临时情况,比如阀门接触不好、阀门打不开等问题能进行正确判断和处理			
时限	10	整个操作时间控制在 5min 内完成,每超出 10s 扣 1 分;超时 1min 停止操作,未完成步骤不计成绩			
合计					

任务拓展与巩固训练

如何解决海水泵换热过程中产生的冰堵现象?

任务4 液化天然气高压输送泵A出口

法兰泄漏事故处理

任务说明

某 LNG 接收站在运行过程中，LNG 高压输送泵 A 进出口流量不一致，请进行处理。

任务学习单

任务名称		LNG 高压输送泵 A 出口法兰泄漏事故处理
任务学习目标	知识目标	• 了解高压输送泵的作用和分类 • 掌握高压输送泵的结构组成
	能力目标	• 能通过运行参数分析是否有故障发生 • 能够对故障泵进行切换
	素质目标	• 养成认真细心的工作态度 • 能根据运行参数的变化正确分析和判断生产问题的能力
任务完成时间		4 学时
任务完成环境		LNG 接收站实训室
任务工具		对讲机、电池、手套、安全帽、虚拟化工仿真系统、工艺流程图、螺丝刀、扳手
完成任务所需知识和能力		• 理解 LNG 高压输送泵 A 出口法兰泄漏事故产生的原因 • 能对 LNG 高压输送泵 A 出口法兰泄漏事故采取正确的应对措施 • 熟练对 LNG 高压输送泵 A 出口法兰泄漏事故的处理操作
任务要求		• 两个人配合完成 LNG 高压泵 A 出口法兰泄漏事故处理操作，并要求每个人都能胜任内操和外操的相关操作 • 能对操作过程中出现的问题进行分析并解决
任务重点	重点	• 切换泵工艺的掌握
	难点	• LNG 高压泵阀门启动 / 关闭顺序
任务结果		由于切换过程中没有将工艺流程中的介质放空，所以在切换泵的过程中，能够迅速完成切换过程

知识链接

低温泵是 LNG 接收站的重要组成部分，上游与再冷凝器连接，下游与气化器连接，高压泵出口采用调节阀调节流量。就 LNG 接收站的低温泵分析来看，其结构具有特殊性，LNG 高压泵主要部件包括电动机、轴承、导流器和叶轮等，高压泵的介质为超低温的 LNG，在该环境下无法使用润滑油，因此泵使用时的摩擦易对设备造成损坏。所以在具体的利用中可能出现振动过大、过流保护以及泵罐液位波动等问题，这些问题对低温泵的稳定、有效和安全利用造成了不便，所以需要对这些问题进行有效的解决。其次，高压泵采用气体密封，其密封性会影响高压泵的安全运行。另外，在超低温度下，高压泵可能会由于热应力产生裂纹。图 4-3-4-1 所示为 LNG 高压输送泵外观结构。

M4-10 LNG中
高压输转泵

图 4-3-4-1　LNG 高压输送泵外观结构

一、出口法兰故障的原因

当法兰处泄漏时，部分 LNG 泄漏，会使周围温度降低，而当泄漏量比较大时，由于冷量释放过多，则会使周围空气温度迅速降低而使空气中的水蒸气迅速凝固而产生白雾，并且出口管线压力下降。导致法兰故障泄漏的原因主要有以下几点。

（1）密封垫圈损坏或未正确安装　LNG 输送泵出口处安装了抗低温的橡胶密封垫圈。当 LNG 进行输送时，密封垫圈会与管道法兰面的螺纹密封相吻合，以防止对接法兰面的泄漏，若此密封垫圈损坏或未正确安装，则会导致对接法兰面发生泄漏。

（2）预冷速度过快　预冷过程中由于直接利用 LNG 进行冷却，因此 LNG 会贴管道下表面流动，同时在流动过程中逐渐蒸发为 BOG，而此 BOG 会慢慢冷却管道上表面。由于蒸发后的 BOG 温度较高，从而导致管道上下表面温度的差异，并且产生弯曲应力。如果预冷速度过快，就会造成管道底部和顶部温度的差异较大，这样就会在卸料臂与船对接法兰面处产生较大的弯曲应力，使对接法兰面产生曲张。由于 LNG 泵对接法兰面的紧固，其紧固力不能像螺栓紧固一样随着弹性形变的变化而改变，所以一旦全速卸载时管道压力升高且高于对接法兰面的作用力，就会造成泄漏。

二、切换 LNG 高压输送泵的工艺原则

首先将事故泵停运，并关闭事故泵入口阀门，再关闭出口阀门，随后关闭 LNG 高压泵中的 BOG 阀门，此时，泵中可能仍残留少部分介质，一旦温度上升，LNG 发生气化，则会使 LNG 泵中压力骤增，所以打开放空阀门，将 LNG 泵中的剩余物质自然放空，故障泵工艺结束。随后进行备用泵启动，具体步骤如下：

① 打开备用泵入口阀门；

② 打开备用泵 BOG 阀门，对备用泵进行预冷；

③ 启动备用高压输送泵；

④ 打开出口阀门并开始气化。

三、LNG 法兰检修方式

高压低温法兰的泄漏可以按照以下步骤进行：确认法兰和螺栓是否损坏或松动，垫片可见部分是否破裂及老化等现象；校核法兰密封的设计力矩值是否满足法兰的密封要求；在适当情况下，可以升高一定压力进行在线观察，观察务必注意安全，使用检查镜等。

另外法兰在垫片更换时应注意以下几点：

① 垫片回装时，应检查法兰密封面的清洁，清除密封面上的油渣及杂物，密封面不得有径向划痕；

② 法兰螺栓拧紧时，应严格按照拧紧顺序进行，避免拧紧力不均匀。

任务实施

一、任务准备

（1）工具设备　安全帽、工作服、防冻手套、铜制扳手、250mm 扳手、试电笔、记录本、笔、对讲机。

（2）耗材　石棉垫片、抹布。

二、任务实施步骤

表 4-3-4-1 所示为 LNG 高压输送泵 A 出口法兰泄漏事故处理任务实施步骤。

表 4-3-4-1　LNG 高压输送泵 A 出口法兰泄漏事故处理任务实施步骤

操作对象描述	操作对象位号
停泵 P-4201A	P-4201A
关闭阀门 XV-4201	XV-4201
关闭出口手阀 XV-4202	XV-4202
关闭手阀 XV-4203	XV-4203
打开手阀 XV-4205，将 LNG 高压输送泵 A 内压力排净（此时事故现象停）	XV-4205
开阀门 XV-4206	XV-4206
开阀门 XV-4208	XV-4208
启动高压输送泵 P-4201B	P-4201B
开出口阀门 XV-4207，气化开始	XV-4207

任务学习成果

① 能够对高压 LNG 泵进行切换；

② 掌握通过数据分析、现场观察的方式，确定 LNG 高压泵的故障原因；

③ 每位同学都能独立胜任内操和外操岗位的操作，并且内操和外操能够互相配合。

1. 知识内容测评标准

① 描述高压 LNG 泵在 LNG 接收站中的作用;

② 说明高压 LNG 泵的组成,以及高压 LNG 泵与普通泵的区别。

2. 工艺操作测评标准

LNG 高压输送泵 A 出口法兰泄漏事故处理考核评分标准见表 4-3-4-2。

表 4-3-4-2　LNG 高压输送泵 A 出口法兰泄漏事故处理考核表

测评内容	分值	要求及评分标准	扣分	得分	测评记录
步骤汇报	20	以小组为单位汇报 LNG 高压输送泵 A 事故处理操作步骤,要求熟练掌握步骤,能准确快速找出教师任意指出的阀门位置			
准备工作	10	① 服装整洁,领口、袖口和下摆收紧,安全帽调整合适,未穿戴整齐扣 5 分 ② 检查工具,工具选择不正确扣 5 分 ③ 未确认相关数据扣 5 分 ④ 工具使用不当扣 5 分,检查工艺流程顺序不正确扣 5 分			
基本操作	40	① 顺序不正确扣 2 分 ② 操作不当扣 1 分 ③ 工具使用不正确扣 2 分 ④ 工具乱摆乱放扣 3 分			
文明作业	10	① 着装整齐,文明操作,遵守纪律 ② 操作过程配合默契,无吵闹现象 ③ 操作结束后将所使用工具摆放整齐,确保实训现场整洁 ④ 违规一次总分扣 5 分;严重违规停止操作			
特殊情况处理	10	对考核过程中出现的临时情况,比如阀门接触不好、阀门打不开等问题能进行正确判断和处理			
时限	10	整个操作时间控制在 10min 内完成,每超出 10s 扣 1 分;超时 1min 停止操作,未完成步骤不计成绩			
合计					

任务拓展与巩固训练

除了出口法兰泄漏,LNG 高压泵还有可能出现哪些事故,如何确定事故原因?

模块五
LNG+L-CNG
合建站运行

天然气燃烧清洁、储量巨大，作为汽车的替代燃料技术已经成熟。随着石油价格的不断攀升，天然气汽车的发展势头迅猛。目前，天然气汽车加气站有 CNG、LNG、L-CNG 三种方式。其中，CNG 加气站是我国应用技术最成熟的一种加气站，占我国天然气汽车加气站数量的 80% 以上。LNG 加气站技术在我国尚处于起步阶段，关键技术有待研发，相关标准规范有待制定。而 L-CNG 加气站是 LNG 与 CNG 两种加气方式的有机组合，是一种正在兴起、具有良好推广应用前景的加气站类型，L-CNG 技术结合了 LNG 运输方便、建站灵活和 CNG 汽车车载气瓶简单的优点，尤其适合我国国情。

本实训装置是将 LNG 加液站与 L-CNG 加气站合建在一起的合建站，同时具备 LNG 和 CNG 的加注能力，既能满足大型车辆对 LNG 燃料的需求，又满足小型家用车、出租车普遍的 CNG 加气需求，合建站的气源供应为 LNG。

LNG+L-CNG 加气站与常规的 CNG 加气站相比，优点在于：

① 无需在城市铺设管线，只需购买 LNG 槽车来装卸液化天然气；

② 传统的 CNG 加气站需要对天然气进行脱水、加压、冷却等，电力消耗很大，是站内的主要经济支出，而 LNG+L-CNG 加气站仅在低温泵消耗少量电能，运行费用大大降低；

③ 由于采用液体直接气化，加气量大，速度快，可同时给 10 辆以上汽车同时加气，是常规 CNG 加气站不可比拟的。

LNG+L-CNG 加气站是在 LNG 加液站的基础上增加了 LNG 高压泵、LNG 高压气化器、顺序控制盘、CNG 储气瓶或者是储气井以及 CNG 加气机，并且在环境温度较低的情况下还要添加一个水浴式气化器，用以连接空温式气化器。

项目一 LNG+L-CNG 合建站常规操作

项目导读

LNG+L-CNG 加气站的主要工艺包括：卸车增压器卸车、潜液泵卸车、LNG 加液机加液、LNG 的气化、CNG 加气机加气。其工作流程参见图 5-1-1。

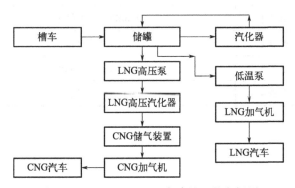

图 5-1-1　LNG+L-CNG 合建站工艺方框图

项目名称		LNG+L-CNG 合建站常规操作	
项目学习目标	知识目标	• 掌握 LNG+L-CNG 合建站的整体工艺流程 • 掌握 LNG+L-CNG 合建站两种卸车流程 • 掌握 LNG+L-CNG 合建站气化流程 • 掌握 LNG+L-CNG 合建站加液和加气流程	
	能力目标	• 能正确进行 LNG+L-CNG 合建站卸车操作 • 能熟练进行 LNG 加液操作 • 能熟练进行 LNG 气化操作 • 能熟练进行 CNG 加气操作 • 能对 LNG+L-CNG 合建站常见故障进行处理	
	素质目标	• 锻炼团队协作能力 • 形成严格的规范操作意识 • 形成责任意识和安全工作态度	
学时		40	任务学时
工作任务	任务 1	卸车增压器卸车操作	10
	任务 2	潜液泵卸车操作	10
	任务 3	LNG 加液机加液操作	10
	任务 4	L-CNG 加气操作	10

任务 1　卸车增压器卸车操作

任务说明

某 LNG+L-CNG 合建站由槽车运来一车液化天然气，温度为 -162℃，压力为 0.015MPa，请采用卸车增压器 E-3103 将槽车中的 LNG 卸入储罐中储存。

任务学习单

任务名称		卸车增压器卸车操作
任务学习目标	知识目标	• 掌握 LNG 槽车自增压卸车工艺流程
	能力目标	• 能根据工艺流程制定增压器卸车的操作步骤 • 能正确进行增压器卸车操作
	素质目标	• 形成严格的规范操作意识 • 形成高度的安全操作意识
任务完成时间		10 学时
任务完成环境		天然气管输实训室
任务工具		对讲机、电池、手套、安全帽、虚拟化工仿真系统、工艺流程图、螺丝刀、扳手
完成任务所需 知识和能力		• LNG+L-CNG 合建站增压器卸车工艺流程 • 卸车增压器的结构 • LNG 槽车接口的连接 • 卸车前的吹扫预冷操作
任务要求		• 两个人配合完成卸车增压器的卸车操作，并要求每个人都能胜任内操和外操的相关操作 • 能对操作过程中出现的问题进行分析并解决
任务重点	知识	• 增压器卸车工艺流程
	技能	• 吹扫预冷操作 • 阀门的操作及故障处理
任务结果		用槽车增压器将槽车内的 LNG 卸到站内的 LNG 储罐。槽车差压液位 PG3202 从 15kPa 降至 0.5kPa，卸车流量 30m³/h。槽车内 LNG 卸完后，相应阀门全部关闭，管线内的残余气体放空

知识链接

槽车内的 LNG 通过 LNG 卸车系统卸到 LNG 立式储罐内，LNG 卸车软管是卸车系统的主要部件（图 5-1-1-1），其结构为低温不锈钢波纹管，外层不锈钢钢丝编织网保护。本系统可通过槽车增压器卸车和低温潜液泵卸车两种方式卸车。

一、LNG 增压器

LNG 增压器（图 5-1-1-2）主要功能就是让低温的 LNG 通过铝管道及翅片与空气对流换热，从而达到换热的目的，起到给 LNG 槽车及储槽增压的效果。

LNG 场站中的增压器主要有卸车增压器和储罐增压器两种。两者都采用空温式气化器，一般是板翅式换热器，不需要用电。气化器的材质必须是耐低温（−162℃）的，目前国内常用的材料为铝合金，气化器一般为立式长方体。

图 5-1-1-1 LNG 卸车软管

图 5-1-1-2 LNG 增压器

二、槽车增压器卸车工艺

LNG 液体通过 LNG 槽车增压口进入增压气化器，气化后返回 LNG 槽车（图 5-1-1-3），提高 LNG 槽车的气相压力。利用槽车与储罐的压差将 LNG 液相管线送入站内的低温储槽。卸车进入末段集装箱储槽内的低温天然气，利用 BOG 气相管线进行回收。

由于增压器卸车工艺（图 5-1-1-4）是利用槽车和储罐的压差进行卸车作业，

M5-1 BOG
处理系统（合建站）

因此在增压器给槽车增压前，先将槽车与储罐压力平衡，在储罐的压力数值基础上对槽车进行增压，两者压力平衡后、给槽车增压前需关闭气相平衡线的阀门，然后再进行增压卸车，否则，压力平衡线阀门不关闭，槽车与储罐压力始终平衡，无法实现卸车操作。

图 5-1-1-3　LNG 槽车模型

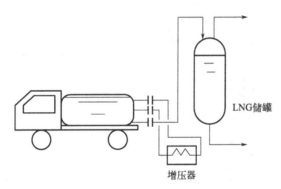

图 5-1-1-4　槽车自增压卸车工艺

增压器卸车方式与潜液泵卸车方式相比有以下优点：流程简单，管道连接简单，无能耗。

其缺点有：

① 卸车速度慢，卸车时间长。增压器卸车的动力源是 LNG 槽车与 LNG 储罐之间的压力差，由于 LNG 槽车的设计压力为 0.8MPa，储罐的气相操作压力不能低于 0.4MPa，故两者之间的最大压力差仅有 0.4MPa。如果增压器卸车与潜液泵卸车采用相同内径的管道，增压器卸车方式的流速要低于潜液泵卸车方式，卸车时间长。

② 放散气体多。随着卸车过程的进行，LNG 储罐液位升高，罐内气相空间压力升高，罐内压力较高时需要对储罐进行泄压，以增大 LNG 罐车与 LNG 储罐之间的压力差。

③ 随着 LNG 槽车内液体的减少，要不断对 LNG 槽车气相空间增压，需要消耗一定量的 LNG 液体。

④ 自动化程度低。

M5-2 LNG槽
车卸车操作

一、任务准备

① 制定增压器卸车操作框图，并进行汇报。

② 穿戴好安全防护用品，包括工作服、安全帽和防冻手套等。

③ 按"任务学习单"所列，准备好操作用工具。

二、任务实施步骤

增压器卸车操作步骤如表 5-1-1-1 所示。

表 5-1-1-1　增压器卸车操作步骤

	操作对象描述	操作对象位号
槽车与储罐连接	连接槽车接地线，连接卸车软管、回气软管、增压器软管	
	将自动旋钮旋至手动	
吹扫气相软管	打开槽车气相阀门 KIV-3202	KIV-3202
	打开槽车气相阀门 XV-3203	XV-3203
	打开阀门 XV-3107，对气相软管吹扫 30s	XV-3107
	吹扫完毕后关闭阀门 XV-3107	XV-3107
吹扫增压软管	打开槽车增压器阀门 KIV-3203	KIV-3203
	打开槽车增压器阀门 XV-3204	XV-3204
	打开阀门 XV-3106，对增压软管吹扫 30s	XV-3106
	吹扫完毕后关闭阀门 XV-3106	XV-3106
吹扫及预冷液相软管	打开槽车液相阀门 KIV-3201	KIV-3201
	打开槽车液相阀门 XV-3201	XV-3201
	打开阀门 XV-3105，对液相软管吹扫及预冷 60s	XV-3105
	吹扫预冷完毕后关闭阀门 XV-3105	XV-3105
平衡槽车与储罐压力	打开阀门 XV-3103	XV-3103
	打开阀门 XV-3108	XV-3108
	打开阀门 XV-3115	XV-3115
	打开阀门 XV-3114，储罐与槽车压力平衡	XV-3114
	平衡结束后关闭 XV-3108	XV-3108
增压卸料	打开阀门 XV-3101	XV-3101
	打开阀门 XV-3104	XV-3104
	打开阀门 XV-3102，给槽车增压（压力从 0.25MPa 升高至 0.3MPa）	XV-3102

操作对象描述		操作对象位号
增压卸料	打开阀门 XV-3112	XV-3112
	打开阀门 KIV-3102	KIV-3102
	打开阀门 XV-3116，开始卸料，槽车差压液位 PG3202 从 15kPa 缓慢降至 0.5kPa，卸车流量 30m³/h	XV-3116
卸车完毕，关阀	关闭槽车气相阀门 KIV-3202	KIV-3202
	关闭槽车气相阀门 XV-3203	XV-3203
	关闭槽车增压器阀门 KIV-3203	KIV-3203
	关闭槽车增压器阀门 XV-3204	XV-3204
	关闭槽车液相阀门 KIV-3201	KIV-3201
	关闭槽车液相阀门 XV-3201	XV-3201
	关闭阀门 XV-3103	XV-3103
	关闭阀门 XV-3115	XV-3115
	关闭阀门 XV-3114	XV-3114
	关闭阀门 XV-3101	XV-3101
	关闭阀门 XV-3104	XV-3104
	关闭阀门 XV-3102	XV-3102
	关闭阀门 XV-3112	XV-3112
	关闭阀门 KIV-3102	KIV-3102
	关闭阀门 XV-3116	XV-3116
	将旋钮旋至自动状态	
	按下急停按钮	
残余气体放空	打开放空阀 XV-3105	XV-3105
	打开放空阀 XV-3106	XV-3106
	打开放空阀 XV-3107，将软管内的残余液体放空，拆卸软管	XV-3107

任务学习成果

① 每位同学都能熟练掌握增压器卸车的操作步骤；
② 能任意两人配合完成增压器卸车操作；
③ 每位同学都能独立胜任内操和外操岗位的操作。

任务测评标准

测评项目：卸车增压器卸车操作。
测评标准：卸车增压器卸车操作考核评分标准见表 5-1-1-2。

表 5-1-1-2　卸车增压器卸车操作考核表

测评内容	分值	要求及评分标准	扣分	得分	测评记录
操作框图	20	以小组为单位汇报卸车增压器卸车操作框图，要求熟练掌握步骤，能准确快速找出教师任意指出的阀门位置			
准备工作	10	检查和恢复所有阀门至该任务的初始状态，检查协调对讲机			
基本操作	40	① 按正确的操作步骤进行卸车增压器卸车 ② 正确判断阀门的开关方向，切忌用力过大损坏阀门和设备			
文明作业	10	① 着装整齐，文明操作，遵守纪律 ② 操作过程配合默契，无吵闹现象 ③ 操作结束后将所使用工具摆放整齐，确保实训现场整洁			
特殊情况处理	10	对考核过程中出现的临时情况，比如阀门接触不好、阀门打不开等问题能进行正确判断和处理			
时限	10	① 操作步骤汇报时间控制在8min内，每超出10s扣1分；超时1min停止汇报，不计成绩 ② 整个操作时间控制在12min内完成，每超出10s扣1分；超时2min停止操作，步骤未完成不计成绩			
合计					

任务拓展与巩固训练

根据本任务的学习，制定储罐**自增压调压**流程的操作步骤。

M5-3　自增压调压流程

任务 2　潜液泵卸车操作

任务说明

某 LNG+L-CNG 合建站由槽车运来一车液化天然气，温度为 -162℃，压力为 0.015MPa，请采用站内的低温潜液泵 P-3102 将槽车中的 LNG 卸入储罐中储存。

任务学习单

任务名称		潜液泵卸车操作
任务学习目标	知识目标	• 掌握低温潜液泵卸车工艺流程
	能力目标	• 能根据工艺流程制定潜液泵卸车的操作步骤 • 能正确进行潜液泵卸车操作
	素质目标	• 形成严格的规范操作意识 • 形成高度的安全操作意识
任务完成时间		10 学时
任务完成环境		天然气管输实训室
任务工具		对讲机、电池、手套、安全帽、虚拟化工仿真系统、工艺流程图、螺丝刀、扳手
完成任务所需知识和能力		• LNG+L-CNG 合建站潜液泵卸车工艺流程 • 潜液泵的开泵注意事项 • 槽车和储罐的气相平衡 • LNG 槽车接口的连接 • 管线和潜液泵的吹扫和预冷操作
任务要求		• 两个人配合完成潜液泵卸车操作，并要求每个人都能胜任内操和外操的相关操作 • 能对操作过程中出现的问题进行分析并解决
任务重点	知识	• 潜液泵卸车工艺流程
	技能	• 管线和泵的吹扫预冷操作 • 阀门的操作及故障处理
任务结果		用潜液泵将槽车内的 LNG 卸到站内的 LNG 储罐。槽车差压液位 PG3202 从 15kPa 降至 0.5kPa，卸车流量 30m³/h。槽车内 LNG 卸完后，停泵，相应阀门全部关闭，管线内的残余气体放空

知识链接

一、低温潜液泵卸车工艺

图 5-1-2-1 所示为低温潜液泵卸车工艺。通过系统中的潜液泵将 LNG 从槽车转移到 LNG 储罐内。卸车方式是 LNG 液体经 LNG 槽车卸液口进入潜液泵，潜液泵将 LNG 增压后充入 LNG 储罐。

LNG 槽车气相口与储罐的气相管连通，LNG 储罐中的 BOG 气体通过气相管充入 LNG 槽车。一方面解决 LNG 槽车因液体减少造成的气相压力降低问题；另一方面解决 LNG 储罐因液体增多造成的气相压力升高问题。因此，整个卸车过程储罐不需要泄压，可以直接进行卸车操作。

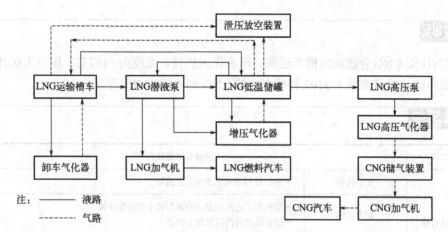

图 5-1-2-1　低温潜液泵卸车工艺

潜液式低温泵卸车的优点是速度快、时间短、自动化程度高，无需对站内储罐泄压，不消耗 LNG 液体。缺点是工艺流程复杂，管道连接烦琐，需要消耗电能。

二、低温潜液泵

1. 低温潜液泵特点

LNG 潜液泵是一种浸没式两级离心泵，整体浸入泵池中，无密封件，所有运动部件由低温液体冷却和润滑。

M5-4　潜液泵

LNG 低温泵由一台变频器控制，由变频调速电机驱动，其额定功率为 11 ~ 15kW。潜液泵既可以作为 LNG 加液泵为 LNG 加气机提供 LNG 液体，也可以作为卸车泵为 LNG 槽车卸车。

由于与传统泵有不同的结构特点，LNG 潜液泵在 LNG 行业中具有很大优势：

① 泵体完全浸没在液体中，工作噪声非常小；
② 不含转动轴封，泵内有封闭系统使电机和导线与液体隔绝；
③ 电动机不受潮湿、腐蚀的影响，其绝缘不会因为温度变化而恶化；
④ 消除了可燃气体与空气接触的可能，保证了安全性；
⑤ 将电机与叶轮设计在同一个轴上，省去了联轴器和对中的需要；
⑥ 平衡机构的设计使轴承的使用寿命和泵的大修周期延长；
⑦ 叶轮和轴承通过液体自身润滑，不需要附加的润滑系统；
⑧ 无需使用防爆电动机。

2. 低温潜液泵使用注意事项

低温潜液泵是专门为输送低温液体设计的，启动前和使用过程中需要注意以下几点：

（1）在使用潜液泵进行卸车或为 LNG 车辆加液时，需要先用 LNG 储罐中的 LNG 对潜液泵进行预冷。如果低温潜液泵在操作时没有完全预冷就开车，泵虽然能够起压，但密封接触面没有形成润滑液膜，机械密封在短时间内可能磨坏而影响泵的可靠运行。

预冷原则：预冷时，设备和管道温度要逐步降低，禁止急冷，以防温度骤降对设备和管件造成毁伤。

（2）介质为 LNG 时，潜液泵的允许最小净压头为 0.8m，潜液泵工作时必须保证其进口压力不得小于最低净压头的要求。进口净压头是指液体实际压力与液体的饱和蒸汽压的差值。因此储罐内必须保留有足够量的 LNG 液体，即最低液位不得低于相应的设定值。

（3）为达到满意的运行效果和较长的使用寿命，在运行时应随时对泵进行检查，倾听有无异常噪声或振动，如有则及时停机并通知相关人员进行维护。

（4）LNG 潜液泵是离心泵，因此在使用时要注意防止泵汽蚀的发生。预防措施有以下几点：

① 保持泵进口有满足泵正常运行的正静压头；

② 泵启动前先进行泵预冷，控制起泵温度，该温度值设置应低于饱和温度 -8 ~ 10℃；

③ 关注泵出口压力，若存在波动，及时放空泵池直至压力稳定；

④ 泵池真空绝热指标符合标准规范的要求；

⑤ 泵进口管线绝热良好；

⑥ 进口管设计安装合理，不产生气阻现象。

任务实施

一、任务准备

① 制定潜液泵卸车操作框图，并进行汇报。

② 穿戴好安全防护用品，包括工作服、安全帽和防冻手套等。

③ 按"任务学习单"所列，准备好操作用工具。

二、任务实施步骤

表 5-1-2-1 所示为潜液泵卸车操作步骤。

M5-5　潜液泵卸车

表 5-1-2-1　潜液泵卸车操作步骤

操作对象描述		操作对象位号
吹扫气相软管	将手自动旋钮旋至手动	
	打开槽车气相阀门 KIV-3202	KIV-3202
	打开槽车气相阀门 XV-3203	XV-3203
	打开阀门 XV-3107，对气相软管进行吹扫 30s	XV-3107
	吹扫完毕后关闭阀门 XV-3107	XV-3107
吹扫及预冷液相软管	打开槽车液相阀门 KIV-3201	KIV-3201
	打开槽车液相阀门 XV-3201	XV-3201
	打开阀门 XV-3105，对液相软管进行吹扫及预冷 60s	XV-3105
	吹扫预冷完毕后关闭阀门 XV-3105	XV-3105

操作对象描述		操作对象位号
储罐与槽车压力平衡	打开阀门 XV-3103	XV-3103
	打开阀门 XV-3108	XV-3108
	打开阀门 XV-3115	XV-3115
	打开阀门 XV-3114，储罐与槽车压力平衡	XV-3114
接通潜液泵流程，进行潜液泵的预冷	打开阀门 XV-3101	XV-3101
	打开阀门 XV-3111	XV-3111
	打开阀门 XV-3141	XV-3141
	打开阀门 XV-3116	XV-3116
	打开自动球阀 KIV-3107	KIV-3107
	打开阀门 KIV-3104	KIV-3104
	开手阀 XV-3119	XV-3119
	打开阀门 XV-3142，对低温潜液泵预冷（TI3104 温度下降到 -160℃）	XV-3142
启动泵进行卸车	打开自动球阀 KIV-3102	KIV-3102
	启动低温潜液泵 P-3102	P-3102
	开阀 XV-3144，卸车开始，槽车差压液位 PG3202 从 15kPa 缓慢降至 0.5kPa，卸车流量 30m³/h	XV-3144
卸车完毕，关阀	关闭阀 XV-3144	XV-3144
	停低温潜液泵 P-3102	P-3102
	关闭槽车气相阀门 KIV-3202	KIV-3202
	关闭槽车气相阀门 XV-3203	XV-3203
	关闭槽车液相阀门 KIV-3201	KIV-3201
	关闭槽车液相阀门 XV-3201	XV-3201
	关闭阀门 XV-3103	XV-3103
	关闭阀门 XV-3108	XV-3108
	关闭阀门 XV-3115	XV-3115
	关闭阀门 XV-3114	XV-3114
	关闭阀门 XV-3101	XV-3101
	关闭阀门 XV-3111	XV-3111
	关闭阀门 XV-3141	XV-3141
	关闭阀门 XV-3116	XV-3116
	关闭自动球阀 KIV-3107	KIV-3107

操作对象描述	操作对象位号
关闭阀门 KIV-3104	KIV-3104
关闭手阀 XV-3119	XV-3119
关闭阀门 XV-3142	XV-3142
关闭自动球阀 KIV-3102	KIV-3102
将旋钮旋至自动状态	
按下急停按钮	
打开放空阀 XV-3105	XV-3105
打开放空阀 XV-3106	XV-3106
打开放空阀 XV-3107，将软管内的残余液体放空，拆卸软管	XV-3107

注: 第一列合并单元格内容依次为"卸车完毕，关阀"（前六行）和"残余气体排空"（后三行）。

任务学习成果

① 每位同学都能熟练掌握潜液泵卸车的操作步骤；
② 能任意两人配合完成潜液泵卸车操作；
③ 每位同学都能独立胜任内操和外操岗位的操作。

任务测评标准

测评项目：潜液泵卸车操作。

测评标准：潜液泵卸车操作考核评分标准见表 5-1-2-2。

表 5-1-2-2　潜液泵卸车操作考核表

测评内容	分值	要求及评分标准	扣分	得分	测评记录
操作框图	20	以小组为单位汇报潜液泵卸车操作框图，要求熟练掌握步骤，能准确快速找出教师任意指出的设备和阀门的位置			
准备工作	10	检查和恢复所有阀门至该任务的初始状态，检查低温潜液泵的状态，检查协调对讲机			
基本操作	40	① 按正确的操作步骤进行潜液泵卸车操作 ② 正确判断阀门的开关方向，切忌用力过大损坏阀门和设备的现象			
文明作业	10	① 着装整齐，文明操作，遵守纪律 ② 操作过程配合默契，无吵闹现象 ③ 操作结束后将所使用工具摆放整齐，确保实训现场整洁			
特殊情况处理	10	对考核过程中出现的临时情况，比如阀门接触不好、阀门打不开等问题能进行正确判断和处理			
时限	10	① 操作步骤汇报时间控制在 8min 范围内，每超出 10s 扣 1 分；超时 1min 停止汇报，不计成绩 ② 整个操作时间控制在 12min 内完成，每超出 10s 扣 1 分；超时 2min 停止操作，步骤未完成不计成绩			
合计					

① 根据本任务的学习，制定储罐潜液泵调压流程的操作步骤。

② 增压器卸车和潜液泵卸车都需平衡槽车和储罐的压力，两者在操作上有何不同？为什么？

任务 3　LNG 加液机加液操作

任务说明

某 LNG+L-CNG 合建站可以为 LNG 汽车加液，请启动 LNG 加液流程，采用站内的低温潜液泵 P-3102 和 LNG 加液机 A 为 LNG 汽车加气。

任务学习单

任务名称		LNG 加液机加液操作
任务学习目标	知识目标	●掌握 LNG 加液机加液工艺流程
	能力目标	●能根据工艺流程制定 LNG 加液机加液的操作步骤 ●能正确进行 LNG 加液机加液操作
	素质目标	●锻炼根据工艺流程制定操作步骤的能力 ●形成严格的规范操作意识 ●形成高度的安全操作意识
任务完成时间		10 学时
任务完成环境		天然气管输实训室
任务工具		对讲机、电池、手套、安全帽、虚拟化工仿真系统、工艺流程图、螺丝刀、扳手
完成任务所需知识和能力		●LNG 加液机的使用 ●潜液泵的开泵注意事项 ●储罐增压器调压流程 ●管线和潜液泵的吹扫和预冷操作
任务要求		●两个人配合完成 LNG 加液机加液操作，并要求每个人都能胜任内操和外操的相关操作 ●能对操作过程中出现的问题进行分析并解决
任务重点	知识	●LNG 加液机加液工艺流程
	技能	●管线和泵的吹扫预冷操作 ●阀门的操作及故障处理
任务结果		启动 LNG 加液流程，启动低温潜液泵，利用 LNG 加液机 A 向 LNG 汽车加液。加液完成后，停泵，关阀

知识链接

LNG 储罐（低温储罐）是 LNG 的储藏设备，目前绝大部分 100m³ 的立式储罐最高工作压力为 0.8MPa。大容量的 LNG 储罐，由于是在超低温的状态下工作（-162℃），同时在运行中由于储藏的 LNG 处于沸腾状态，当外部热量侵入时，或由于充装时的冲击、大气压的变化，都将使储存的 LNG 持续气化成为气体，为此，运行中必须考虑储罐内压力的控制、气化气体的抽出、处理及制冷保冷等。

一、LNG 加气站储罐调压流程

储罐调压流程是给 LNG 汽车加液前需要对储罐内 LNG 进行增压的操作。增压的目的是为了保证加液泵的正常运行。LNG 加液泵是一种浸没式离心泵，在启动时都有最低汽蚀余量的要求，在汽蚀余量不能满足要求时启动泵，叶轮前 LNG 会迅速气化，不仅达不到加压液体的目的，还会对叶轮造成汽蚀，增压的目的就是为了提高泵前的汽蚀余量。

该操作流程有潜液泵调压流程和自增压调压流程两种。

1. 潜液泵调压流程

如图 5-1-3-1 所示，LNG 经 LNG 储罐的出液口进入潜液泵，由潜液泵增压后，进入增压气化器气化。气化后的天然气经 LNG 储罐的气相管返回到 LNG 储罐的气相空间，为 LNG 储罐调压（增压）。

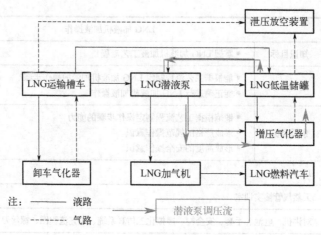

图 5-1-3-1　潜液泵调压工艺流程

采用潜液泵为储罐调压时，增压气化器的入口压力为潜液泵的出口压力，一般为 1.2MPa；增压气化器的出口压力为储罐气相工作压力，约为 0.6MPa。增压气化器入口和出口压差大，所以这种调压速度快、时间短、压力高。

2. 自增压调压流程

自增压调压是不经过潜液泵直接利用储罐**增压器**对储罐进行增压的操作，如图 5-1-3-2 所示，LNG 液体由 LNG 储罐的出液口直接进入增压气化器气化，气化后的气体经 LNG 储罐的气相管返回 LNG 储罐的气相空间，为 LNG 储罐调压。

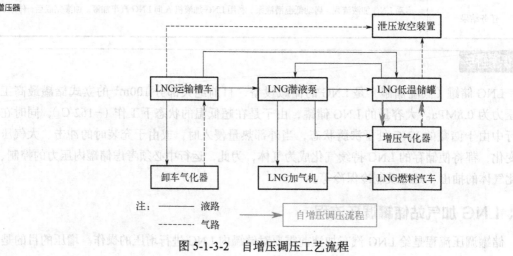

图 5-1-3-2　自增压调压工艺流程

这种调压方式增压气化器入口压力为 LNG 储罐未调压前的气相压力与罐内液体所产生的液柱静压力（很小，容积 30m³ 的储罐充满时约为 0.01MPa）之和。增压气化器的出口压力为 LNG 储罐气相工作压力，约为 0.6MPa。

增压气化器入口和出口压差很小，所以这种调压流程速度慢、时间长、压力低。

二、LNG 加液流程

在 LNG 加液流程中，潜液泵加液速度快、压力高、充装时间短，成为 LNG 加液流程的首选方式。

如图 5-1-3-3 所示，通过 LNG 泵将储罐中的 LNG 经由泵加压后经过加液机给 LNG 汽车加 LNG。最高的加气压力可达 1.6MPa。通过液相软管对 LNG 汽车车载瓶进行加液，由气相软管对车载瓶中的 BOG 进行回收，以保证加液速度和正常的工作压力。

在对 LNG 汽车加液过程中，随着加液的进行，储罐内压力降低，车载瓶内压力升高，为保证加液过程的顺利进行，需将加气机的加液气相返回线与储罐气相口连通，使储罐和车载瓶进行压力平衡。

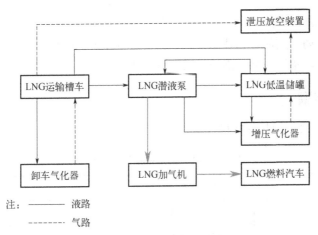

图 5-1-3-3　LNG 加液流程

三、LNG 加液机

LNG 加液机（图 5-1-3-4）是指以液化天然气（LNG）形式向天然气汽车（图 5-1-3-5，一般为大型货车或者公交车）提供燃料的加气设备，加液机由加液枪、回气枪、切断气动阀、液体流量计、气体流量计、气液分离器罐、手动阀门等组成。通过售气系统，将 LNG 计量出售给用户。加液机安装有 IC 卡及通信模块，能够实现卡机联动和加液数据自动远传。

目前国内市场上的 LNG 加液机主要有加拿大 FTI 国际集团有限公司的 FTI 系列。国内已建成的 LNG 加液机采用的计量方式是双管计量方式，即采用两个质量流量计分别测量加液和回气的质量，二者之差作为计量的最后结果。另一种计量方式是单管

图 5-1-3-4　LNG 加液机

式计量方式，采用这种计量方式的加液机使用一个枪头，相对于双管式计量方式而言，要减少一个枪头和一个回气质量流量计，这样就使得加液机的成本大大降低。

图 5-1-3-5　LNG 汽车模型

任务实施

一、任务准备

① 制定加液机加液操作框图，并进行汇报。

② 穿戴好安全防护用品，包括工作服、安全帽和防冻手套等。

③ 按"任务学习单"所列，准备好操作用工具。

二、任务实施步骤

表 5-1-3-1 所示为加液机加液操作步骤。

表 5-1-3-1　加液机加液操作步骤

操作对象描述		操作对象位号
加液前对储罐进行增压	打开阀门 XV-3118	XV-3118
	打开阀门 KIV-3103	KIV-3103
	打开阀门 XV-3123	XV-3123
	打开阀门 XV-3124	XV-3124
	打开阀门 XV-3115	XV-3115
	打开阀门 XV-3114，储罐压力从 0.2MPa 升至 0.25MPa	XV-3114
停储罐增压	停储罐增压，关阀门 XV-3114	XV-3114
	关阀门 XV-3115	XV-3115
	关阀门 XV-3124	XV-3124
	关阀门 XV-3123	XV-3123
潜液泵预冷	打开阀门 XV-3113	XV-3113
	打开阀门 KIV-3107	KIV-3107
	打开阀门 XV-3141	XV-3141

操作对象描述		操作对象位号
潜液泵预冷	打开阀门 XV-3142	XV-3142
	打开阀门 XV-3119	XV-3119
	打开阀门 KIV-3104，低温潜液泵预冷	KIV-3104
启动泵，打通加液回气线，开始加气	开低温潜液泵 P-3102	P-3102
	打开阀门 XV-3143	XV-3143
	打开阀门 XV-3145	XV-3145
	打开阀门 XV-3120	XV-3120
	打开阀门 KIV-3105，拿起加气枪，插入加气孔，插入回气枪	KIV-3105
	打开回气阀门 XV-3152	XV-3152
	打开阀门 XV-3153，压力表示数升高到规定值，开始加气，流量增加，金额增加	XV-3153
加气结束，排气	关闭阀门 XV-3153	XV-3153
	关闭 XV-3152，停止加气	XV-3152
	打开排气阀门 XV-3148，将加气枪和回气枪内残余气体排掉，拔下加气枪	XV-3148
	关闭 XV-3148，加气完成。第二个加液机操作相同	XV-3148
关阀	关闭潜液泵 P-3102	P-3102
	关闭阀门 XV-3143	XV-3143
	关闭阀门 XV-3141	XV-3141
	关闭阀门 KIV-3107	KIV-3107
	关闭阀门 XV-3113	XV-3113
	关闭阀门 XV-3118	XV-3118
	关闭阀门 XV-3119	XV-3119
	关闭阀门 XV-3120	XV-3120
	关闭阀门 XV-3142	XV-3142
	关闭阀门 XV-3145	XV-3145
	关闭阀门 KIV-3103	KIV-3103
	关闭阀门 KIV-3104	KIV-3104
	关闭阀门 KIV-3105	KIV-3105

任务学习成果

① 每位同学都能熟练掌握 LNG 加液机加液的操作步骤；

② 能任意两人配合完成 LNG 加液机加液操作；
③ 每位同学都能独立胜任内操和外操岗位的操作。

任务测评标准

测评项目：LNG 加液机加液操作。

测评标准：LNG 加液机加液操作考核评分标准见表 5-1-3-2。

表 5-1-3-2　LNG 加液机加液操作考核表

测评内容	分值	要求及评分标准	扣分	得分	测评记录
操作框图	20	以小组为单位汇报 LNG 加液机加液操作框图，要求熟练掌握步骤，能准确快速找出教师任意指出的设备和阀门的位置			
准备工作	10	检查和恢复所有阀门至该任务的初始状态，检查低温潜液泵的状态，检查协调对讲机			
基本操作	40	① 按正确的操作步骤进行 LNG 加液机加液操作 ② 正确判断阀门的开关方向，切忌用力过大损坏阀门和设备的现象			
文明作业	10	① 着装整齐，文明操作，遵守纪律 ② 操作过程配合默契，无吵闹现象 ③ 操作结束后将所使用工具摆放整齐，确保实训现场整洁			
特殊情况处理	10	对考核过程中出现的临时情况，比如阀门接触不好、阀门打不开等问题能进行正确判断和处理			
时限	10	① 操作步骤汇报时间控制在 8min 内，每超出 10s 扣 1 分；超时 1min 停止汇报，不计成绩 ② 整个操作时间控制在 10min 内完成，每超出 10s 扣 1 分；超时 1min 停止操作，步骤未完成不计成绩			
合计					

任务拓展与巩固训练

① 在流程图上画出 LNG 储罐、LNG 低温潜液泵、LNG 加液机的 EAG 处理流程，并在现场找出来。

② 卸车增压器卸车操作、潜液泵卸车操作、LNG 加液机加液操作时，储罐与槽车、储罐与加液机之间的气相平衡分别是接通的还是切断的？为什么？

任务 4　L-CNG 加气操作

任务说明

某 LNG+L-CNG 合建站可以为 CNG 汽车加气，请启动 L-CNG 加气流程，利用 CNG 加气机 AC-3102A 为来站的 CNG 汽车加气。

任务学习单

任务名称		L-CNG 加气操作	
任务学习目标	知识目标	• 掌握 L-CNG 加气工艺流程 • 了解 L-CNG 加气工艺中所涉及的设备结构及工作原理	
	能力目标	• 能根据工艺流程制定 L-CNG 加气的操作步骤 • 能正确进行 L-CNG 加气操作	
	素质目标	• 锻炼根据工艺流程制定操作步骤的能力 • 形成严格的规范操作意识 • 形成高度的安全操作意识	
任务完成时间	10 学时		
任务完成环境	天然气管输实训室		
任务工具	对讲机、电池、手套、安全帽、虚拟化工仿真系统、工艺流程图、螺丝刀、扳手		
完成任务所需知识和能力	• CNG 加气机的使用 • BOG 处理工艺 • 低温高压柱塞泵的开泵注意事项 • 储罐增压器调压流程 • LNG 高压气化流程		
任务要求	• 两个人配合完成 L-CNG 加气操作，并要求每个人都能胜任内操和外操的相关操作 • 能对操作过程中出现的问题进行分析并解决		
任务重点	知识	• LNG 气化及 CNG 加气工艺流程	
	技能	• 柱塞泵的开车和停车操作 • CNG 加气机的使用	
任务结果	启动 L-CNG 加气流程，启动低温高压柱塞泵，利用 CNG 加气机 A 向 CNG 汽车加气。加气完成后，停泵，关阀		

知识链接

L-CNG 加气工艺流程包括 LNG 增压流程、LNG 气化加气流程和储罐超压保护流程（BOG 系统）。图 5-1-4-1 所示为 L-CNG 加气流程图。

M5-7　BOG 处理系统（合建站）

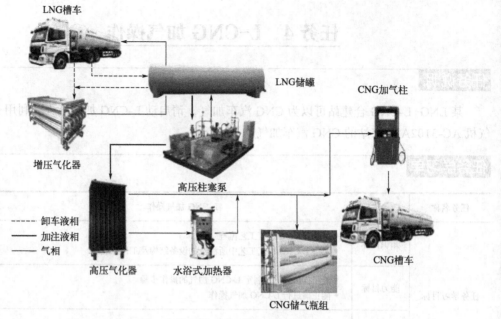

LNG槽车

LNG储罐

CNG加气柱

增压气化器

高压柱塞泵

高压气化器 水浴式加热器

CNG槽车

CNG储气瓶组

------ 卸车液相
——— 加注液相
——— 气相

图 5-1-4-1　L-CNG 加气流程图

一、LNG 增压流程

液体增压主要采用**高压柱塞泵**，通过高压柱塞泵把 LNG 加压到 25MPa，高压柱塞泵开启前应有一个预冷过程，这个过程是将储罐内的 LNG 通过管道自流进高压柱塞泵，当高压柱塞泵内的温度达到 -162℃时，启动泵对 LNG 液体进行增压。

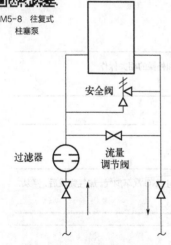

M5-8　往复式
柱塞泵

图 5-1-4-2　容积泵的典型
工艺流程

柱塞泵是往复泵的一种，属于容积泵，容积泵的典型工艺流程如图 5-1-4-2。其柱塞靠泵轴的偏心转动驱动，往复运动，其吸入和排出阀都是单向阀，并且方向相反。当柱塞外拉时，工作室内压力降低，出口阀会关闭，当工作室内压力低于进口压力时，进口单向阀打开，液体被吸入缸内；柱塞内推时，工作室内压力升高，进口阀被压死，将液体压缩后出口单向阀被打开，缸内增压后的液体被排出。这种工作方式连续运动后就形成了连续的供液。

柱塞泵的使用注意事项：

① 开泵前应首先打开排出管路上的所有阀门，这是因为容积泵启动后压力骤升，会造成设备破坏，为减少启动电流还应将回流阀打开，待电机启动正常后，再缓慢关闭回流阀。

② 泵正常运转时，禁止关闭出口阀门，否则可能挤破管路和附件，憋坏泵或超载烧坏电机，造成严重事故，为防止因误动作发生这类事故，装在出口管线上的安全阀应定期检修，保持灵敏度完好。

③ 停泵时，应先打开回流阀，再关泵，最后关闭出口阀门。

L-CNG 加气站不使用高压压缩机，而是采用低温泵，与 CNG 加气站相比降低了运行费用，综合了 LNG 运输方便和 CNG 汽车车载简单的优点。在为 LNG 汽车加气的同时还可以为 CNG 汽车加气。

但 L-CNG 加气站的流程相对复杂，同时由于既有为 LNG 汽车加气的装置，又有为 CNG 汽车加气的装置，加气站的设备相对而言较多，建设成本也会相应地增加。

二、气化加气流程

经过加压的 LNG 通过管道输送至高压空温气化器，气化成 CNG，然后给 CNG 槽车加气。在对外无售气时，气化器气化后的 CNG 通过顺序控制盘按一定的顺序对 CNG 储气瓶组进行充气，充气的顺序是从高压罐到中压罐，再到低压罐。

为了防止冬季和雨天高压空温气化器出口温度低，容易使管道内结冰造成堵塞，损坏后续管道，通常在高压空温式气化器的出口串联一台高压水浴式汽化器，在必要时对管内介质进行加热。

三、储罐超压保护流程

在 L-CNG 加气操作的预冷、增压等过程中，储罐内蒸发气的压力会升高，为了保证储罐的安全，应启动 BOG 流程进行泄压。

排出的 BOG 气体为高压低温状态，且流量不稳定，因此需设置 BOG 加热器及 BOG 缓冲罐。

四、顺序控制盘

压缩天然气加气站的优先/顺序控制系统具有决定设备进出口气体流向、启闭切换、参数检测和系统自我保护功能。控制压缩机向高压、中压、低压平足充气的阀组称为优先盘，控制从低压、中压、高压平足取气的阀组称为顺序盘。上述阀组系统通常是一系列气动或电动阀门，气动阀与气动仪表共用气源，由压缩空气系统供给。

压缩机向站内储气装置充气时，储气与充气的优先/顺序控制系统控制气流先充高压级气瓶（瓶组），后充中压、低压级气瓶（瓶组），直至都达到 25MPa 即可停机；而车载气瓶由储气装置取气时，则采取顺序取气原则，即控制气流先从低压区取气，后从中压、高压区取气；当储气装置无法快充加满车载储气瓶时，也可从压缩机出口直接取气。这样的优先顺序均由程序控制，气流分配能提高储气装置容积利用率。

五、CNG 加气机

CNG 加气机（图 5-1-4-3）是指以压缩天然气（CNG）形式向天然气汽车（一般为小型汽车如城市出租车）提供燃料的加气设备，加气机由加气枪、切断电磁阀、流量计、手动阀门等组成，通过售气系统，将 CNG 计量出售给用户。该机安装了 IC 卡及通信模块，能够实现卡机联动和加气数据自动远传。

M5-9 加气机加液机操作步骤

图 5-1-4-3 CNG 加气机

任务实施

一、任务准备

① 制定 L-CNG 加气操作框图，并进行汇报。

② 穿戴好安全防护用品，包括工作服、安全帽和防冻手套等。

M5-10 LNG 气
化操作（合建站）

③ 按"任务学习单"所列，准备好操作用工具。

二、任务实施步骤

表 5-1-4-1 所示为加气机加气操作步骤。

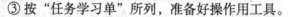

表 5-1-4-1 加气机加气操作步骤

操作对象描述		操作对象位号
操作前对储罐增压，增压完成后，停储罐的增压，关相应阀门	打开阀门 XV-3118	XV-3118
	打开阀门 KIV-3103	KIV-3103
	打开阀门 XV-3124	XV-3124
	打开阀门 XV-3123	XV-3123
	打开阀门 XV-3115	XV-3115
	打开阀门 XV-3114，储罐压力 0.2MPa 升至 0.25MPa。停储罐增压，关相应阀门	XV-3114
电热式加热器进水加热	打开阀门 XV-3154，加水	XV-3154
	液位 LI-3102 升至 80%，关闭阀门 XV-3154	XV-3154

操作对象描述		操作对象位号
电热式加热器进水加热	开电热式加热器的加热开关 E-3105，温度升至 80℃	E-3105
预冷高压柱塞泵	开电动球阀 KIV-3106	KIV-3106
	打开阀门 XV-3125	XV-3125
	打开阀门 XV-3140	XV-3140
	打开阀门 XV-3119	XV-3119
	打开阀门 KIV-3104，低温高压柱塞泵预冷（温度降至 -160℃），预冷结束	KIV-3104
开去储气瓶组的阀门，启动柱塞泵，顺序储气	打开阀门 XV-3127	XV-3127
	打开阀门 XV-3128	XV-3128
	打开阀门 XV-3129	XV-3129
	打开阀门 XV-3130	XV-3130
	打开阀门 XV-3131	XV-3131
	打开阀门 KIV-3110	KIV-3110
	启动低温高压柱塞泵 P-3101	P-3101
	打开阀门 XV-3126	XV-3126
柱塞泵运行正常后，关柱塞泵的回流	关闭阀门 XV-3140，LNG 经过气化器、加热器，气化成气态，经过顺序控制盘控制分别进入高、中、低储气瓶	XV-3140
储罐内的 BOG 进 BOG 储罐	LNG 立式储罐产生的 BOG 气体，经过 BOG 压缩机升压进入储气瓶组 C-3101	C-3101
	打开阀门 KIV-3101	KIV-3101
	打开阀门 XV-3146	XV-3146
	打开阀门 XV-3147，使 BOG 气体进入 BOG 储罐内	XV-3147
BOG 压缩机流程打通，启动压缩机	打开压缩机进口阀门 XV-3301	XV-3301
	打开压缩机出口阀门 XV-3302	XV-3302
	启动 BOG 压缩机 C-3101	C-3101
停压缩机，关阀	当 BOG 储罐压力降至 0.1MPa 以下后，关闭 BOG 压缩机（压缩机关闭流程和母站压缩机流程相同）	
	关闭阀门 XV-3301	XV-3301
	关闭阀门 XV-3302	XV-3302
CNG 加气	开阀门 XV-3132	XV-3132
	打开阀门 XV-3133	XV-3133
	打开阀门 XV-3134，压力表示数升高到规定值	XV-3134
	拿起加气枪，插入加气孔，打开加气阀门 XV-3156 开始加气，流量增加，金额增加	XV-3156

	操作对象描述	操作对象位号
	关闭阀门 XV-3156,停止加气	XV-3156
停加气	拔下加气枪,关闭阀门 XV-3132	XV-3132
	关闭阀门 XV-3133	XV-3133
	关闭阀门 XV-3134,加气机 B 加气流程相同	XV-3134
停柱塞泵	开阀门 XV-3140	XV-3140
	停柱塞泵 P-3101,将柱塞泵出口管路内残液排至立式储罐	P-3101
停加热器	停电热式加热器 E-3105	E-3105
	开阀门 XV-3155,将加热器内水放掉	XV-3155
	加热器内水放掉后,关闭阀门 XV-3155	XV-3155
关阀	关闭阀门 XV-3114	XV-3114
	关闭阀门 XV-3115	XV-3115
	关闭阀门 XV-3118	XV-3118
	关闭阀门 XV-3119	XV-3119
	关闭阀门 XV-3123	XV-3123
	关闭阀门 XV-3124	XV-3124
	关闭阀门 XV-3125	XV-3125
	关闭阀门 XV-3126	XV-3126
	关闭阀门 XV-3127	XV-3127
	关闭阀门 XV-3128	XV-3128
	关闭阀门 XV-3129	XV-3129
	关闭阀门 XV-3130	XV-3130
	关闭阀门 XV-3131	XV-3131
	关闭阀门 XV-3146	XV-3146
	关闭阀门 XV-3147	XV-3147
	关闭阀门 KIV-3101	KIV-3101
	关闭阀门 KIV-3103	KIV-3103
	关闭阀门 KIV-3104	KIV-3104
	关闭电动球阀 KIV-3106	KIV-3106
	关闭阀门 KIV-3110	KIV-3110

任务学习成果

① 每位同学都能熟练掌握 L-CNG 加气操作步骤；

② 能任意两人配合完成 L-CNG 加气操作；

③ 每位同学都能独立胜任内操和外操岗位的操作。

任务测评标准

测评项目：L-CNG 加气操作。

测评标准：L-CNG 加气操作考核评分标准见表 5-1-4-2。

表 5-1-4-2　L-CNG 加气操作考核表

测评内容	分值	要求及评分标准	扣分	得分	测评记录
操作框图	20	以小组为单位汇报 L-CNG 加气操作框图，要求熟练掌握步骤，能准确快速找出教师任意指出的设备和阀门的位置			
准备工作	10	检查和恢复所有阀门至该任务的初始状态，检查低温高压柱塞泵和 BOG 压缩机的状态，检查协调对讲机			
基本操作	40	① 按正确的操作步骤进行 L-CNG 加气操作 ② 正确判断阀门的开关方向，切忌用力过大损坏阀门和设备的现象			
文明作业	10	① 着装整齐，文明操作，遵守纪律 ② 操作过程配合默契，无吵闹现象 ③ 操作结束后将所使用工具摆放整齐，确保实训现场整洁			
特殊情况处理	10	对考核过程中出现的临时情况，比如阀门接触不好、阀门打不开等问题能进行正确判断和处理			
时限	10	① 操作步骤汇报时间控制在 8min 内，每超出 10s 扣 1 分；超时 1min 停止汇报，不计成绩 ② 整个操作时间控制在 10min 内完成，每超出 10s 扣 1 分；超时 1min 停止操作，步骤未完成不计成绩			
合计					

任务拓展与巩固训练

柱塞泵和潜液泵的启动和停车有什么不同之处？

笔记

项目二　LNG+L-CNG 合建站常见事故处理

项目导读

项目导读

　　LNG+L-CNG 合建站既具有 LNG 加气站功能，又具有 CNG 加气站的功能。因此，流程比较复杂，设备也较多。合建站中所包含的主要设备有：LNG 低温储罐、低温潜液泵、低温高压柱塞泵、空温式气化器、水浴式气化器、BOG 储罐、BOG 压缩机、CNG 储气瓶组、CNG 加气机以及 LNG 加液机等。其中压缩机单元还设有过滤器、气液分离器、空冷器等设备。这些设备在运行过程中可能会出现故障，设备故障都会对整个运行流程产生不同的影响，有的设备故障影响比较小，只需局部处理就可恢复；有的设备故障影响很大，需要整体停车进行处理，本项目对 LNG+L-CNG 合建站常见的两种故障处理进行练习。

项目学习单

项目名称		LNG+L-CNG 合建站常见事故处理	
项目学习目标	知识目标	● 掌握合建站 LNG 储罐泄漏的处理原则 ● 掌握合建站高压空温式气化器泄漏的处理原则	
	能力目标	● 能正确进行合建站 LNG 储罐泄漏事故处理操作 ● 能正确进行合建站高压空温式气化器泄漏事故处理操作	
	素质目标	● 培养正确的分析处理问题的能力 ● 形成责任意识和安全工作态度	
学时		20	任务学时
工作任务	任务 1	LNG 储罐泄漏	10
	任务 2	高压空温式气化器泄漏	10

任务 1　液化天然气储罐泄漏事故处理

任务说明

合建站在正常运行过程中，既进行 LNG 加液工作，又进行 CNG 加气工作，两路流程可同时进行。某天中午，工作人员在生产区储罐附近巡检时发现 LNG 储罐的侧壁发生了破损，液态的 LNG 在源源不断地往外泄漏。泄漏处迅速升腾起"白雾"。请采取合适的操作，将储罐中的 LNG 排入槽车暂存，将储罐进行检修。

任务学习单

任务名称		LNG 储罐泄漏事故处理
任务学习目标	知识目标	• 掌握 LNG 泄漏的危害及注意事项
	能力目标	• 能正确制定 LNG 泄漏事故处理步骤 • 能正确进行 LNG 泄漏事故处理操作
	素质目标	• 培养分析和解决问题的能力 • 养成细心和严谨的学习态度和工作态度
任务完成时间		10 学时
任务完成环境		天然气管输实训室
任务工具		对讲机、电池、手套、安全帽、虚拟化工仿真系统、工艺流程图、螺丝刀、扳手
完成任务所需知识和能力		• LNG 装车流程及装车操作方法 • LNG 储罐泄漏故障停车原则 • 阀门的操作方法
任务要求		• 两个人配合完成 LNG 储罐泄漏事故处理操作，并要求每个人都能胜任内操和外操的相关操作 • 能对操作过程中出现的问题进行分析并解决
任务重点	知识	• LNG 装车流程 • 泵出口流程的切换
	技能	• LNG 储罐泄漏故障停车操作
任务结果		停止 CNG 加气和 LNG 加液作业。将 LNG 储罐中的液化天然气由低温潜液泵转存入槽车，并将储罐内剩余物料进行放空

知识链接

一、LNG 储罐

1. LNG 储罐分类

（1）按容量分类

① 小型储罐：容量 5 ~ 50m³。

② 中型储罐：容量 50 ~ 100m³。

③ 大型储罐：容量 100 ~ 1000m³。

M5-11　立式储罐

④ 大型储槽：容量 1000 ~ 40000m³。

⑤ 特大型储槽：容量 40000 ~ 200000m³。

（2）按隔热分类

① 真空粉末隔热：常用于小型 LNG 储罐。

② 正压堆积隔热：广泛用于大中型储罐及储槽。

③ 高真空多层隔热：很少采用，用于小型 LNG 储罐。

（3）按罐（槽）的形状分类

① 球形罐：一般用于中小型容量的储罐，某些大型 LNG 储槽也采用球型罐。

② 圆柱形罐（槽）：广泛用于各种容量的储罐和储槽。

（4）按罐（槽）的材料分类

① 双金属：内罐和外壳均采用金属材料，一般内罐采用耐低温的不锈钢或铝合金，外壳采用黑色金属，目前采用较多的是压力容器用钢。

② 预应力混凝土罐：大型储槽采用预应力混凝土外壳，内筒采用低温的金属材料。

③ 薄膜型：内筒采用厚度为 0.8 ~ 1.2mm 的 36 Ni 钢。

2. LNG 储罐结构

合建站采用的低温压力储罐为真空粉末绝热储罐。储罐分为内罐和外罐两层，内罐材质为 0Cr18Ni9，外罐材质为 16MnR。内外罐之间采用真空粉末绝热，真空隔热层厚度为 250mm。储罐的日蒸发率小于 0.25%，充装系数为 0.9。储罐上装有高、低液位报警设施，内罐压力高报警设施，**超压自动排放罐顶气体的自力式降压调节阀以及安全阀等**，以保证储罐的安全。在储罐进、出口的 LNG 管道上设有紧急切断阀，当有紧急情况时，可迅速关闭阀门，以保证系统安全。图 5-2-1-1 所示为 LNG 储罐。

M5-12 LNG 安全卸放系统

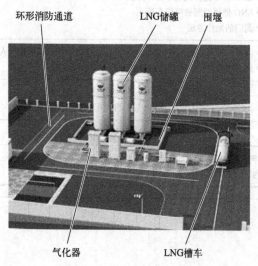

环形消防通道　　LNG储罐　　围堰

气化器　　　　　LNG槽车

图 5-2-1-1　LNG 储罐

二、LNG 泄漏的危害

一般商业 LNG 的甲烷含量在 92% ~ 98%，属于中轻质气体，当 LNG 发生少量泄漏时，会迅速气化并在大气中较快挥发、稀释，一般不会造成严重后果，但当LNG发生事故性泄漏后，会在地面形成流淌液池，如图5-2-1-2所示，此时需要考虑其低温特性和液体特征。

低温LNG泄漏所带来的危害主要有以下几点。

（1）燃烧爆炸 液化天然气发生泄漏后，从地面和周围大气中吸收热量蒸发，最初液化天然气比空气重（当甲烷的温度低于-107℃时，其气相密度大于空气密度），LNG产生的蒸汽向地面附近聚集，在地面形成一个流动层，随着时间的推移，逐渐地吸收热量，当温度上升到-107℃以上时，蒸汽与空气的混合物在温度上升过程中形成一个比空气轻的云团，同时由于LNG温度很低，其周围大气中的水蒸气被冷凝成雾团，然后LNG再进一步跟空气混合，这个混合的蒸气一旦遇到火源很容易起火爆炸，并迅速向蒸发的液池回火燃烧。LNG燃烧时会立即产生大量的热，储罐及其周围其他设施都容易遭到热辐射的严重破坏。除此之外，由于低温天然气较重，还会从井盖等处进入地面以下的生活系统，一旦遇到火花会引起大规模连续性爆炸，非常危险。图5-2-1-3所示为LNG燃烧爆炸事故现场。

图 5-2-1-2　LNG 泄漏

图 5-2-1-3　LNG 燃烧爆炸事故现场

（2）低温伤害 由于LNG是-162℃的深冷液体，一旦发生泄漏，泄漏出来的超低温液体和过冷蒸汽会对附近区域的人员安全产生威胁，接触到皮肤造成低温灼伤。冻伤的程度由接触时间的长短以及皮肤与冷源之间的热导率决定。

　　另外如果皮肤表面潮湿，与其接触后就会粘在低温物体的表面，处理不当将导致这部分皮肤撕裂或脱落。

　　同时，低温 LNG 对装置设备也有破坏性，可能导致事故的进一步扩大。

　　（3）窒息作用　天然气在空气中的体积分数大于 40% 时，吸入过量会导致缺氧窒息，如果吸入的是冷气体，会使呼吸不畅，长时间会导致严重疾病。虽然 LNG 蒸气是无毒的，但如果吸进纯的 LNG 蒸气会迅速失去知觉，几分钟后便死亡。当空气中氧气的体积分数低于 10%，天然气的体积分数高于 50%，对人体会产生永久性伤害，在此情况下，消防员进入必须佩戴空气呼吸器。

　　（4）快速相变　若 LNG 泄漏到水中会发生快速相变的现象，俗称冷爆炸。在某些情况下，当两种温差很大的液体直接接触时，过热液体将通过复杂的链式反应机制在短时间内激烈地沸腾和蒸发，并伴随大的响声，喷出水雾，以爆炸的速度产生蒸气。尽管不发生燃烧，但是这种现象具有爆炸的所有其他特征。在处置该类事故时，此特点应引起高度重视，防止二次事故的发生。

　　为了降低 LNG 发生泄漏时产生的危害，在处置该类事故时应在储罐周围设置围堰或临时构建拦蓄区，其作用在于限制泄漏形成的液池发生流淌和进一步扩散。可利用储罐周围已有的防火堤、防护墙或者排液系统，一般采用夯实土、混凝土、金属等耐低温材料搭建。考虑到由于冬季积雪或其他原因可能导致围堰区蓄液能力下降等因素，围堰容积一般应大于储罐的总容积。对于有可能产生泄漏的阀门、接头处应该设置挡板，防止 LNG 的喷射，下方则设置集液盘，收集泄漏的 LNG 并通过排液管引入集液池。

三、LNG 储罐泄漏事故处理原则

1. 初始状态

LNG 储罐泄漏事故的初始状态为 LNG+L-CNG 合建站正常运行状态，即 LNG 加液和 CNG 加气都能正常操作时的状态。此时，低温高压柱塞泵正常运行，往 CNG 储气瓶组供 CNG；低温潜液泵正常运行，向 LNG 加液机提供 LNG。

2. 处理原则

LNG 储罐发生泄漏后，应停止 LNG 储罐向下游的业务，即停止 CNG 加气和 LNG 加液流程，并连接 LNG 槽车，将储罐内的 LNG 利用低温潜液泵转存入槽车内，最终将储罐内的剩余物料排去 EAG 系统。因此在处理 LNG 储罐泄漏事故时，需要先停低温高压柱塞泵，然后连接 LNG 槽车，进行管线的吹扫和预冷。而低温潜液泵不需要停泵，只需要将流程进行切换，将潜液泵的出口由去加液机切换为去 LNG 槽车。将罐内液体转存入槽车后，需打开储罐放散系统，进行放散气的处理。

M5-13　EAG
处理操作

任务实施

一、任务准备

根据事故停车原则制定 LNG 储罐泄漏处理操作步骤。

M5-14　LNG
储罐泄漏

二、任务实施步骤

表 5-2-1-1 所示为 LNG 储罐泄漏事故处理步骤。

表 5-2-1-1　LNG 储罐泄漏事故处理步骤

	操作对象描述	操作对象位号
停柱塞泵	关闭自动阀 KIV-3106	KIV-3106
	停低温高压柱塞泵 P-3101	P-3101
连接槽车三路管线，进行吹扫和预冷	连接槽车气相、液相软管	
	连接槽车接地线，连接卸车软管、回气软管、增压器软管	
	打开槽车气相阀门 XV-3203	XV-3203
连接槽车三路管线，进行吹扫和预冷	打开阀门 XV-3107，对气相软管进行吹扫 30s	XV-3107
	吹扫完毕后关闭阀门 XV-3107	XV-3107
	打开槽车增压器阀门 XV-3204	XV-3204
	打开阀门 XV-3106，对增压软管进行吹扫 30s	XV-3106
	吹扫完毕后关闭阀门 XV-3106	XV-3106
	打开槽车液相阀门 XV-3201	XV-3201
	打开阀门 XV-3105，对增压软管进行吹扫及预冷 60s	XV-3105
	吹扫预冷完毕后关闭阀门 XV-3105	XV-3105
槽车与储罐压力平衡	打开阀门 XV-3103	XV-3103
	打开阀门 XV-3108	XV-3108
	打开阀门 XV-3115	XV-3115
	打开阀门 XV-3114，储罐与槽车压力平衡	XV-3114
接通储罐至槽车的泵出口流程	打开阀门 XV-3112	XV-3112
	打开阀门 XV-3109（此处原流程是槽车卸车，是经过的止回阀，因此，现在反向流动，需走旁路 3109）	XV-3109
	打开阀门 XV-3101	XV-3101
	打开阀门 XV-3202（槽车阀门）	XV-3202
切换泵出口流程（由去 LNG 加液机切换为去槽车）	开启 XV-3144	XV-3144
	关闭 XV-3143，将储罐内液体倒入槽车	XV-3143
放散	当储罐液位为零后，开启阀门 XV-3158，将储罐内剩余物料排净	XV-3158
检修和人员疏散	通知维修人员维修	
	对现场进行人员疏散	

任务学习成果

① 每位同学都能熟练掌握 LNG 储罐泄漏事故处理操作步骤。

② 能任意两人配合完成 LNG 储罐泄漏事故处理操作。

③ 每位同学都能独立胜任内操和外操岗位的操作。

任务测评标准

测评项目：LNG 储罐泄漏事故处理。

测评标准：LNG 储罐泄漏事故处理操作考核评分标准见表 5-2-1-2。

表 5-2-1-2　LNG 储罐泄漏事故处理操作考核表

测评内容	分值	要求及评分标准	扣分	得分	测评记录
步骤汇报	10	以小组为单位汇报 LNG 储罐泄漏事故处理操作步骤，要求熟练掌握步骤，能准确快速找出教师任意指出的阀门位置			
准备工作	10	检查和恢复流程至该任务的初始状态，检查低温高压柱塞泵、低温潜液泵的初始状态，检查协调对讲机			
基本操作	50	按正确的操作步骤进行 LNG 储罐泄漏事故处理操作，以最终操作平台得分计			
文明作业	10	① 着装整齐，文明操作，遵守纪律 ② 操作过程配合默契，无吵闹现象 ③ 操作结束后将所使用工具摆放整齐，确保实训现场整洁			
特殊情况处理	10	对考核过程中出现的临时情况，比如阀门接触不好、阀门打不开等问题能进行正确判断和处理			
时限	10	① 操作步骤汇报时间控制在 5min 内，每超出 30s 扣 1 分；超时 1min 停止汇报，不计成绩 ② 整个操作时间控制在 5min 内完成，每超出 30s 扣 1 分；超时 5min 停止操作，未完成步骤不计成绩			
合计					

任务拓展与巩固训练

查资料，确定 LNG 储罐的设置要求，包括储罐类型、选用材料。

任务 2　高压空温式气化器泄漏事故处理

任务说明

某城市郊区的 LNG+L-CNG 合建站，工作人员在进行 CNG 加气作业时发现高压空温式气化器 E-3104 外壁冒白雾。工作人员迅速判断高压空温式气化器发生泄漏。请采取合适的操作，对该事故进行处理。

任务学习单

任务名称		高压空温式气化器泄漏事故处理
任务学习目标	知识目标	• 掌握合建站气化工艺流程 • 掌握气化器的设置要求
	能力目标	• 能正确制定高压空温式气化器泄漏事故处理步骤 • 能正确进行高压空温式气化器泄漏事故处理操作
	素质目标	• 培养分析和解决问题的能力 • 养成细心和严谨的学习态度和工作态度
任务完成时间		10 学时
任务完成环境		天然气管输实训室
任务工具		对讲机、电池、手套、安全帽、虚拟化工仿真系统、工艺流程图、螺丝刀、扳手
完成任务所需知识和能力		高压空温式气化器泄漏事故处理原则
任务要求		• 两个人配合完成高压空温式气化器泄漏事故处理操作，并要求每个人都能胜任内操和外操的相关操作 • 能对操作过程中出现的问题进行分析并解决
任务重点	知识	• 合建站的气化工艺流程
	技能	• 高压空温式气化器泄漏处理原则和操作
任务结果		停止 CNG 加气作业，但维持 LNG 加液作业。将 CNG 加气支路管线和设备中的物料放散去 EAG 系统

知识链接

M5-15　合建站
CNG 加气流程

一、LNG 高压气化器

LNG+L-CNG 合建站的 CNG 加气流程需将 LNG 气化增压后，利用加气机进行 CNG 的加气作业。其气化流程与 LNG 气化站的气化流程类似，不同的地方在于需要将常压的天然气利用高压柱塞泵增压至 20 ~ 25MPa，采用的气化器是高压气化器。

LNG 高压气化器是 LNG+L-CNG 合建站中特有的一种气化器，其具体的形式虽然也为空温式气化器，但其运行的压力要在 32MPa 左右，并且耐温范围广（-162 ~ 50℃）。与

LNG高压气化器相对应的是LNG高压水浴气化器，其具体的选型标准可以按照高压气化器来进行。

LNG气化采用空温式（图5-2-2-1）和水浴式（图5-2-2-2）相结合的串联流程，夏季使用空温式自然能源，冬季用空温式串联热水水浴式加热器进行增热，可满足气化站内的生产需要。

图5-2-2-1　高压空温式气化器　　　　　　图5-2-2-2　高压水浴式气化器

1. 空温式气化器

空温式气化器分为强制通风和自然通风两种，一般采用自然通风空温式气化器。空温气化器设两组，一组工作，一组备用切换。自然通风式气化器需要定期除霜、定期切换。

两组空温式气化器的切换方式有以下两种形式：

① 在两组空温气化器的入口处均设有气动切断阀，正常工作时两组空温气化器通过气动切断阀在控制台处的定时器进行切换，切换周期可设为6h/次。

② 当出口温度低于0℃时，低温报警并联锁切换空温气化器。

2. 水浴式加热器

根据热源不同，水浴式加热器可分为热水加热式、燃烧加热式、电加热式等等。一般采用热水加热式，利用热水炉生产的热水与低温LNG传热。冬季LNG出口温度低于0℃时，低温报警并手动启动水浴加热器。

二、高压空温式气化器泄漏处理原则

高压空温式气化器涉及 CNG 加气流程，因此应将该流程停车，停柱塞泵，柱塞泵属于容积式泵，需在出口阀打开的情况下先停泵。然后停后续的电加热器，关闭 CNG 去 CNG 顺序控制盘的阀门。流程停下后，需将该流程管线中的物料放空。最后通知维修人员维修，对现场人员进行疏散。

任务实施

一、任务准备

根据该事故停车原则制定高压空温式气化器泄漏处理操作步骤。

二、任务实施步骤

表 5-2-2-1 所示为高压空温式气化器泄漏事故处理步骤。

表 5-2-2-1　高压空温式气化器泄漏事故处理步骤

操作对象描述		操作对象位号
停高压杜塞泵	关闭自动阀 KIV-3106	KIV-3106
	停低温高压柱塞泵 P-3101	P-3101
停水浴式加热器	停电热式加热器电源 E3105，停止加热	E3105
	关闭自动阀 KIV-3110	KIV-3110
放空	开阀门 XV-3159，放空	XV-3159
关阀	关阀门 XV-3125	XV-3125
	关阀门 XV-3127	XV-3127
维修、疏散人员	现场现象停止	
	通知维修人员维修	
	对现场进行人员疏散	

任务学习成果

① 每位同学都能熟练掌握高压空温式气化器泄漏事故处理操作步骤。
② 能任意两人配合完成高压空温式气化器泄漏事故处理操作。
③ 每位同学都能独立胜任内操和外操岗位的操作。

任务测评标准

测评项目：高压空温式气化器泄漏事故处理。

测评标准：高压空温式气化器泄漏事故处理操作考核评分标准见表 5-2-2-2。

表 5-2-2-2　高压空温式气化器泄漏事故处理操作考核表

测评内容	分值	要求及评分标准	扣分	得分	测评记录
步骤汇报	10	以小组为单位汇报高压空温式气化器泄漏事故处理操作步骤，要求熟练掌握步骤，能准确快速找出教师任意指出的阀门位置			
准备工作	10	检查和恢复流程至该任务的初始状态，检查低温高压柱塞泵、高压空温式气化器、水浴式气化器的初始状态，检查协调对讲机			
基本操作	50	按正确的操作步骤进行高压空温式气化器泄漏事故处理操作，以最终操作平台得分计			
文明作业	10	①着装整齐，文明操作，遵守纪律 ②操作过程配合默契，无吵闹现象 ③操作结束后将所使用工具摆放整齐，确保实训现场整洁			
特殊情况处理	10	对考核过程中出现的临时情况，比如阀门接触不好、阀门打不开等问题能进行正确判断和处理			
时限	10	①操作步骤汇报时间控制在 3min 内，每超出 30s 扣 1 分；超时 1min 停止汇报，不计成绩 ②整个操作时间控制在 3min 内完成，每超出 30s 扣 1 分；超时 1min 停止操作，未完成步骤不计成绩			
合计					

任务拓展与巩固训练

根据所学 LNG 场站的知识，绘制 LNG 气化工艺流程，并描述由夏季空温式气化器单独工作切换为冬季空温式气化器串联水浴式气化器工作的操作。